64款皮绳手编饰物

Leather Braiding Accessory

日本宝库社 编著　　邹 燕 译

河南科学技术出版社

·郑州·

目录

01a
02a
01b
01c
02b

用皮绳编织的小饰物

01、02 | 项链和手链

皮绳包裹的天然石，是一款极具存在感的设计。
稍微有点难，挑战一下自己吧！

设计 tama 5
编织方法 P.37

03
07
06
05
04

03～07 | **手链**

5 种款式的手链，无论男女都适合的款式。

设计 03、06…童话艺术工作室
04、05、07…tama5

编织方法 03…P.47　04、05…P.48　06、07…P.49

08a
08b
08c
09a
09b
10a
10b
10c

08～10 | **手链**

用简单的三股辫、六股辫编织而成的，能够真正享受皮绳质感的手链。
10a、10b 颜色不同，但编织方法相同。
10C 稍细一点。

设计 tama5

编织方法 P.50

11
12

11、12 | 项圈和手链

可和狗狗一起享受的皮革饰品。
狗狗的项圈长度可用金属带扣调节。

设计 tama5

编织方法 11…P.42　12…P.43

13a
13b

13 | 项链

这是一款用皮绳包裹天然石吊坠的项链。
绳头可以用两根皮绳编织到自己喜欢的长度。

设计 童话艺术工作室

编织方法 P.44

14a
14b

14 | 手链

在两根皮绳之间穿入串珠，形成梯子形，
给人一种舵手的力量感。
请选用情侣款套装。

设计 童话艺术工作室

编织方法 P.54

15a
15b
16a
16b

15、16 | 钥匙圈

拥有天然色彩的古朴帅气的钥匙圈。
15 具有菠萝结（淡路结）的轻快感，16 具有环结的敏锐感。

设计　童话艺术工作室
编织方法　P.45

17
18

17、18 | 短项链和手链

用 1mm 粗的皮绳编织的纤巧的短项链和手链。
专门推荐给帅气女生的时髦款式。

设计 童话艺术工作室

编织方法 P.58

19
20
21a
21b
21c

19、20 | **耳环**
21 | **戒指**

即使是小型的耳环和戒指也可拥有皮革的特有质感。
还能和天然石完美组合，很抢眼哟！

设计 19、20…童话艺术工作室　21…tama5

编织方法 19、20…P.60　21…P.61

22

22 | 包包饰品

毫不做作地点缀包包的简单饰物，给包包带子的尾部增添了流苏的风采。

设计 童话艺术工作室

编织方法 P.52

23 | 小吊饰

是几个四线纽扣结并排编织在一起的可爱的小吊饰。可以挂在手机、包包、相机等物品上。

设计 tama5

编织方法 P.61

23a
23b
23c

24 | 两用项链

强调金属串珠效果的细项链。
如果当手链使用的话，绕成 3 圈，很有奢华感和力度感。

设计 童话艺术工作室

编织方法 P.53

25 | 两用项链

柔软亲肤的薄皮绳配以小的金属吊坠。
项链、手链两用。

设计　童话艺术工作室

编织方法　P.57

26 | 钱包链

用棕色、白色、蓝色皮绳编织成的钱包链。
可挂在裤子上，也可挂在包包上。

设计 tama5

编织方法 P.64

29
MADE IN U.S.A.
STAR
28
27

27～29 | 钥匙链

三款设计感极强的钥匙链。
作品 28 给皮绳搭配了用棉线加工的丝光线。

设计　27、28…童话艺术工作室
29…tama5

编织方法　27…P.62　28…P.63　29…P.65

30 | 长项链

和简洁上衣绝妙搭配的棕褐色长项链。
推荐给刚入门朋友的简单款式。

设计 tama5

编织方法 P.56

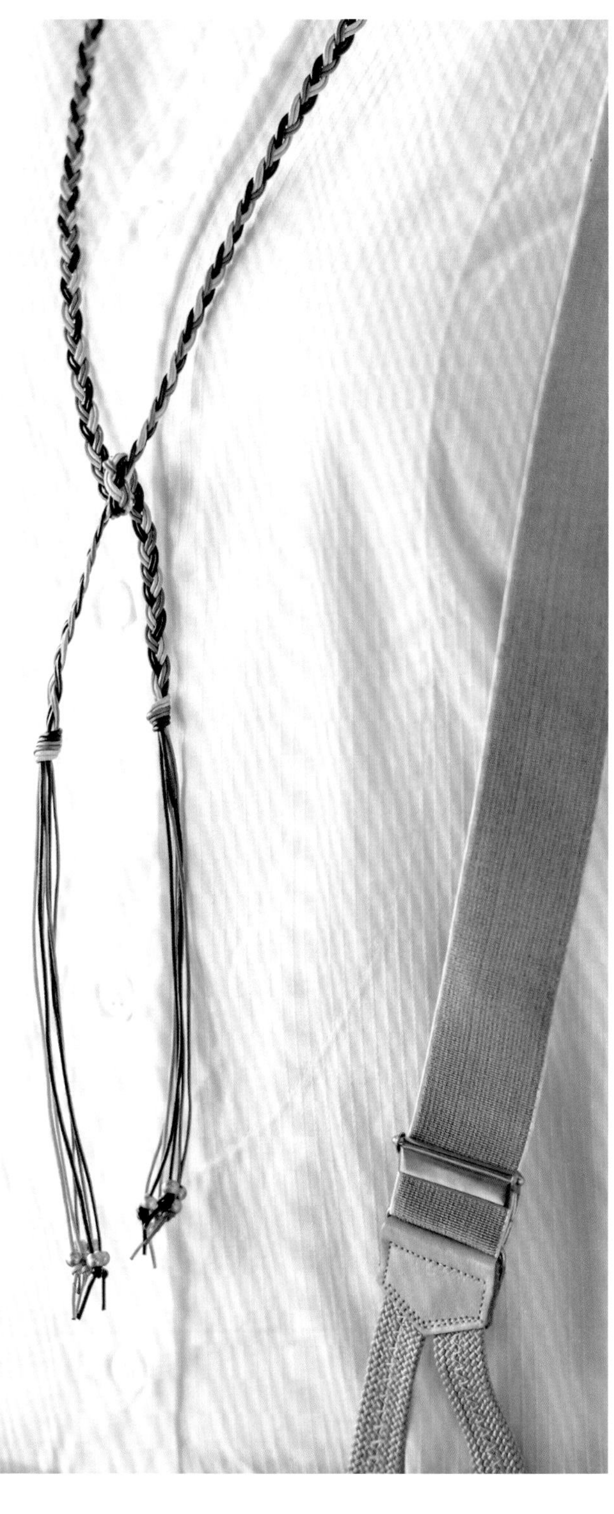

31 | 长饰带

可以挂在姓名牌、手机、相机等上面，也可以挂在包里不容易找到的小东西上，比如钥匙、笔等。

设计 童话艺术工作室

编织方法 P.66

31a
31b
31c
№ 083059
Le Jardin Ensoleile
l'oiseau bleu

32 | 腰带

带有皮带扣，是一款能和自己腰围很契合的腰带。非常适合女人味十足的连衣裙。

设计 tama5

编织方法 P.43

33a

33b

33c

33 | 发圈

运用淡路结编成的简单发圈。
33a 用的是 2mm 宽的复古皮绳，33b、33c 用的是牛皮绳，
感觉上稍有不同。

设计 童话艺术工作室

编织方法 P.67

34

34 | **纽扣**

直径约 1.3cm 的迷你纽扣，可以作为小钱包或衬衫袖口的纽扣。
要是作为拉链吊饰的话，可以直接穿到一个圆环上，
再挂在拉链头上，非常简单。

设计 童话艺术工作室

编织方法 P.46

35 | 脚链

装饰着脚部的脚链，摇摆的串珠是设计的亮点，让您爱上走路。

设计 tama5

编织方法 P.68

有了皮绳，就能完成！简单的项链

给大家介绍几款能充分品味皮革的质感又非常简单的简约项链。

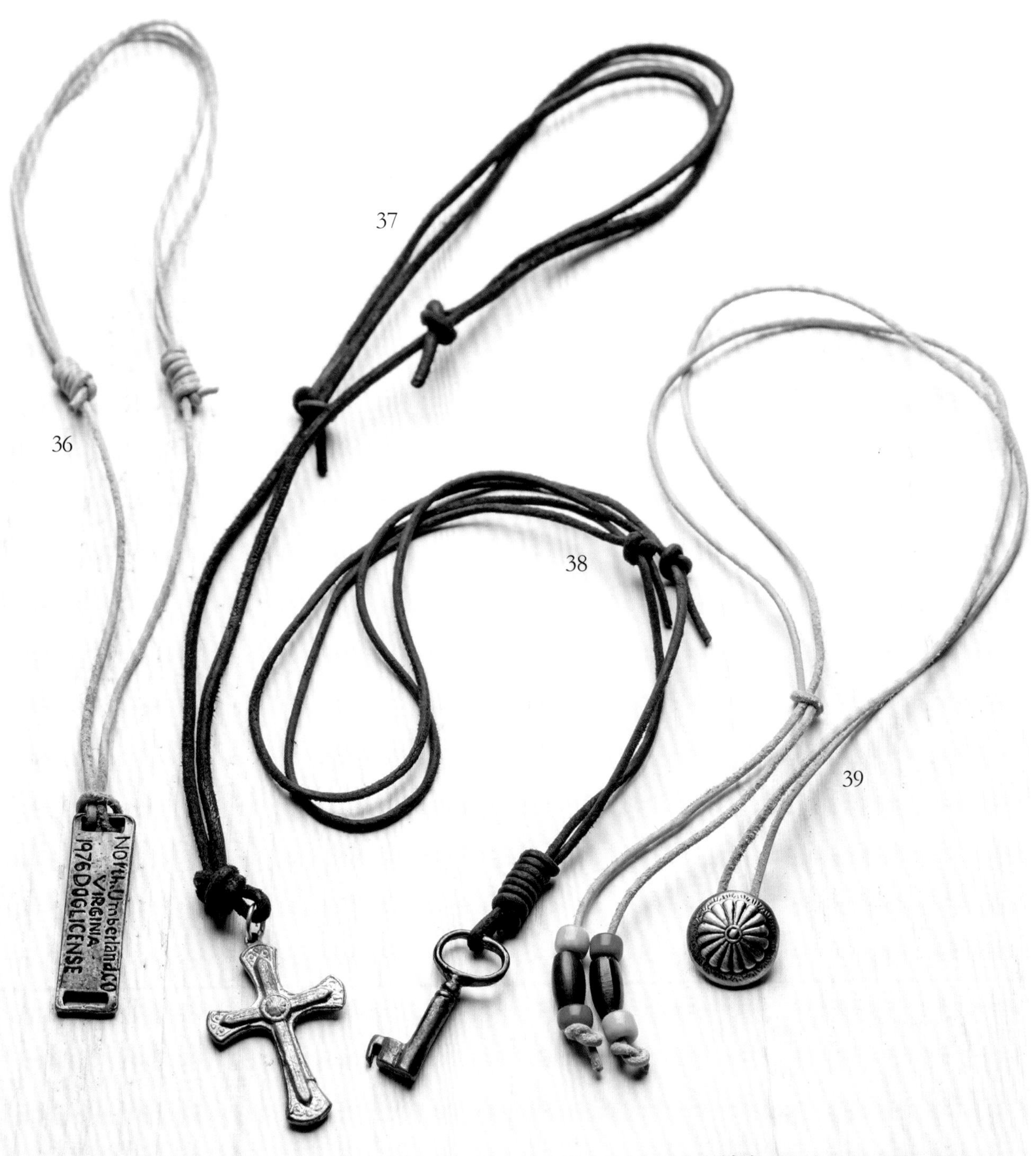

37
36
38
39
VIRGINIA
1976DOGLICENSE

36~39 | 项链

让皮绳穿过自己喜欢的吊饰并固定，让绳头可以任意调节就完成了。如果选择稍粗一点的皮绳会更相称。

设计　童话艺术工作室

编织方法　36…P.69　37、38…P.70　39…P.71

材料和工具

皮绳

皮绳可分为圆皮绳和有正反面的扁皮绳。另外，皮绳还有很多不同特征和型号，即使是相同的制作方法，不同型号的皮绳编织出来的东西也是不同的。

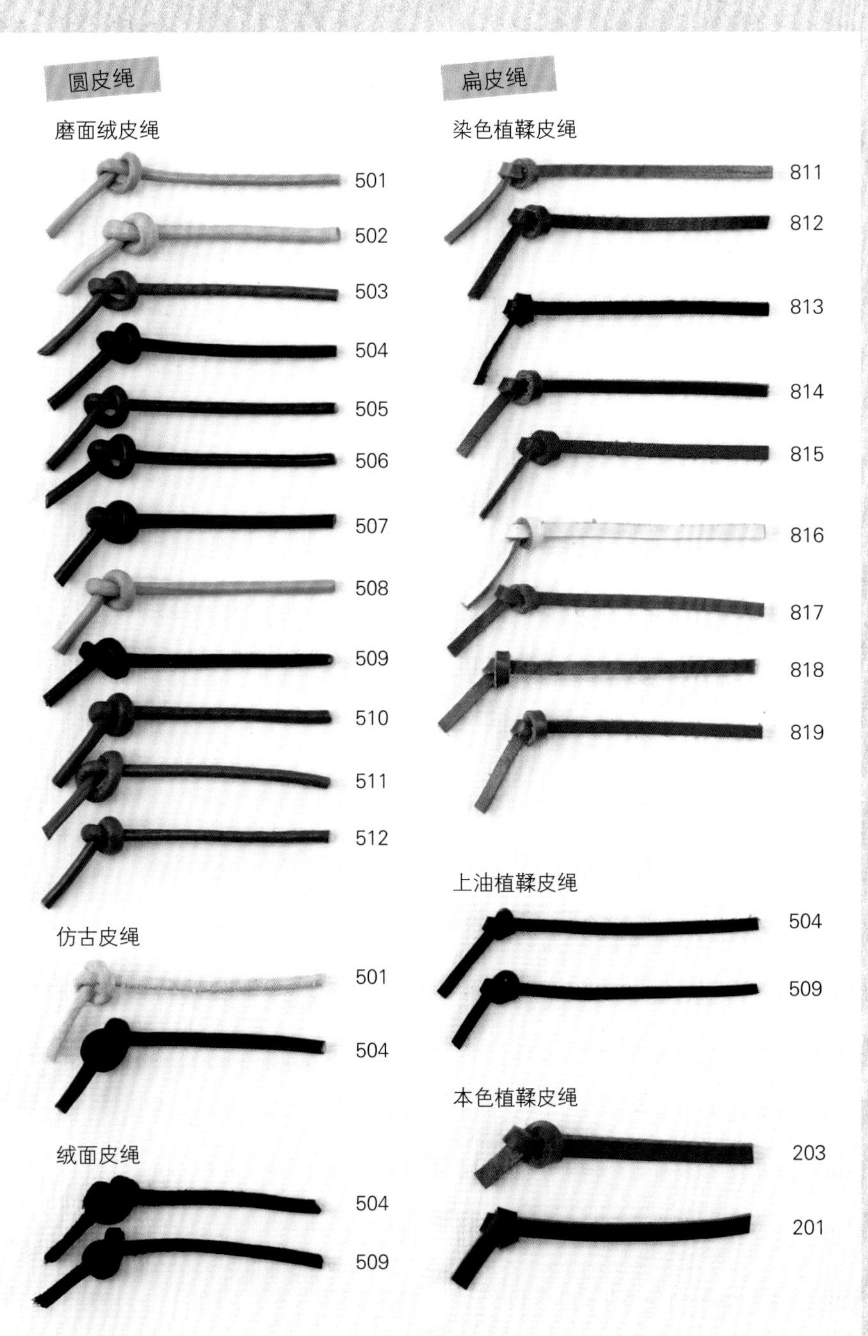

圆皮绳
磨面绒皮绳
501
502
503
504
505
506
507
508
509
510
511
512
仿古皮绳
501
504
绒面皮绳
504
509
扁皮绳
染色植鞣皮绳
811
812
813
814
815
816
817
818
819
上油植鞣皮绳
504
509
本色植鞣皮绳
203
201

〈圆皮绳〉

磨面绒皮绳（左上）
是以非常柔软、结实、不易起皱的水牛皮为原材料制成的圆皮绳。易打理，色彩丰富。
粗细：1mm、1.5mm、2mm、3mm（1mm 仅有 501、503、504、509，3mm 仅有 501、504、509）

仿古皮绳（左中）
刮圆皮绳表面使之起毛，并使之表面颜色深浅不一，特殊的加工给人一种古朴熟悉的手感。
粗细：1.5mm、2mm、2.5mm

绒面皮绳（左下）
让皮革表面起毛，能紧紧地贴住肌肤不易滑落的圆皮绳。
粗细：1mm、1.5mm、2mm、2.5mm

〈扁皮绳〉

染色植鞣皮绳（右上）
用植物鞣酸对皮革进行鞣制，只用颜料着色的天然皮革绳。柔韧、亮泽、有弹性。
粗细：2mm、3mm、5mm、15mm（5mm 为 811~816 共 6 色，15mm 仅有 811~813 共 3 色）

上油植鞣皮绳（右中）
把鞣制过的柔软的皮绳进行上油处理。光滑、易打理。
粗细：2mm、3mm

本色植鞣皮绳（右下）
使用环保的植物鞣酸鞣制的原皮扁皮绳。柔软、易打理，较厚，有弹性。
粗细：3mm

皮绳的粗细 同实物大小

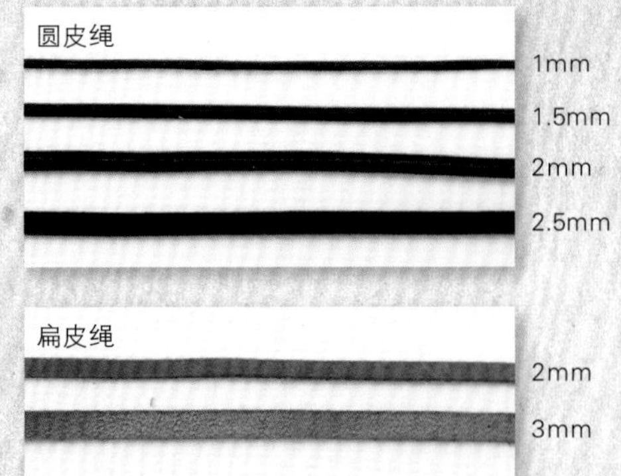

圆皮绳
1mm
1.5mm
2mm
2.5mm
扁皮绳
2mm
3mm

其他材料

＊图片中的物件尺寸为实物大小。

金属材料

用金属制成的有重量感的配件。有金色和银色。其质感和烟熏的色感是其魅力所在。

NOrth.Umberland.CO
VIRGINIA
1976DOGLICENSE

串珠

有宝石串珠，山羊、水牛的角或骨头做的喇叭形骨制串珠及玻璃串珠等，颜色丰富多彩。

金属配件

钥匙圈配件、手链配件、项链配件、圆环等编织小饰物时不可或缺的金属配件。有金色的，也有银色的。

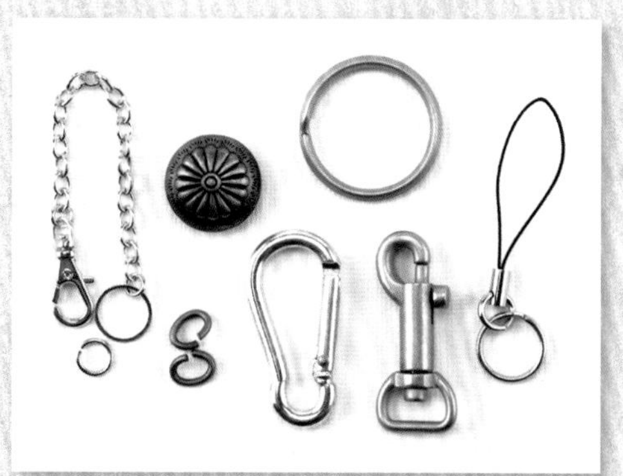

其他材质的绳子

棉线材质的有光泽的丝光线（左）、用聚酯制成的马克拉姆线（右），和皮绳搭配使用。

工具

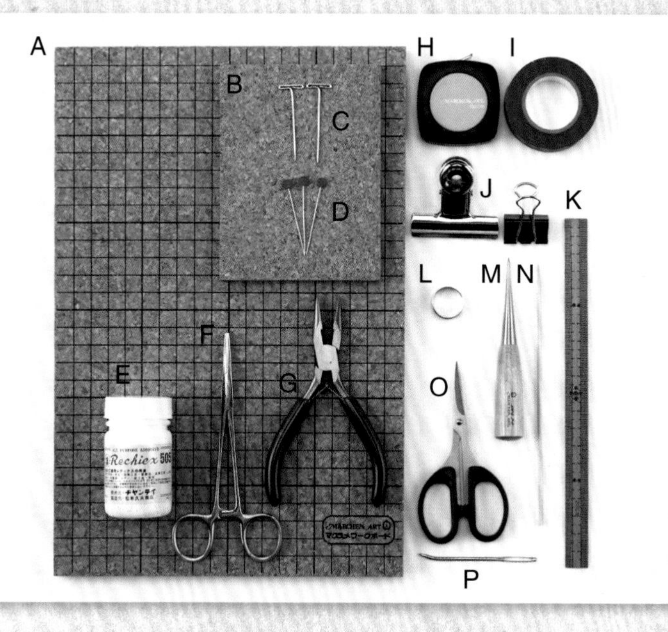

A
B
C
D
E
F
G
H
I
J
K
L
M
N
O
P

A：**软木板**　用大头针固定皮绳时使用。软木板上画有边长1cm的方格，便于测量长度。如果没有软木板的话，就在夹子上贴上透明胶带固定在桌子上。
B：**小软木板**　小型号的A。背面与A一样画有边长1cm的方格。
C：**大头针**　在软木板上编织时用来固定皮绳或配件的工具。
D：**大头针 / 细**　细长形的C。
E：**黏合剂**　干了之后呈透明状的手工用胶。
F：**镊子**　可以紧紧夹住皮绳。用于细小的工序。
G：**钳子**　开闭圆环时使用，没有L圆环专用的钢圈时，那么需要2把钳子。
H：**卷尺**　用来测量皮绳的长度或尺寸。
I：**胶带**　是用来固定配件或夹子的，直接贴在皮绳上也不会引起大的损伤。
J：**夹子**　临时固定皮绳时使用。
K：**尺子**　测量皮绳的长度。
L：**圆环专用钢圈**　戴在手指上，开闭圆环固定时用。
M：**锥子**　拉紧绳结时使用，很方便。
N：**竹签**　涂黏合剂时使用，也可用牙签。
O：**剪刀**　小型的手工艺剪，最好比较锋利。
P：**缝针**　处理皮绳绳头时使用。

编织指南

[索引]

单结

将皮绳绕一圈后打结。

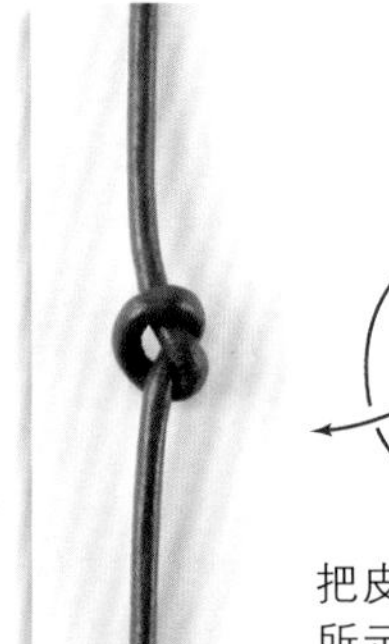

1

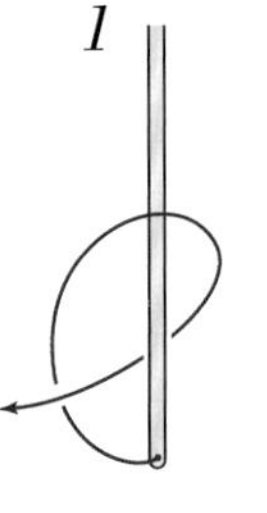

把皮绳如箭头所示那样绕一圈打结。

2

拉紧绳头。

3

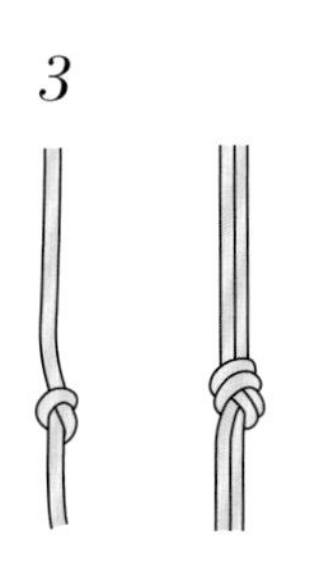

完成。
不管几根皮绳都是同样的编法。

死结

用2根或2根以上的皮绳整理在一起打结。
通常用来处理绳头。

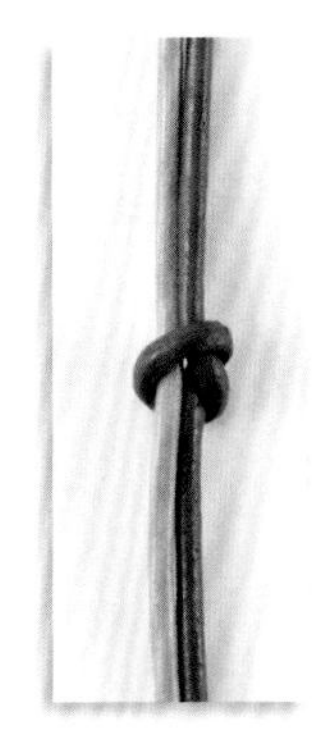

1

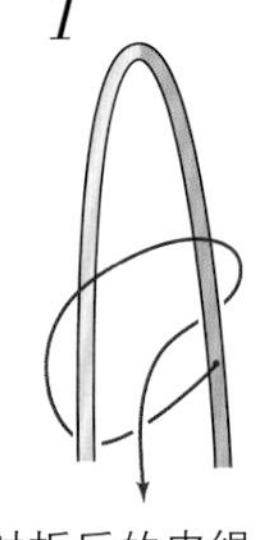

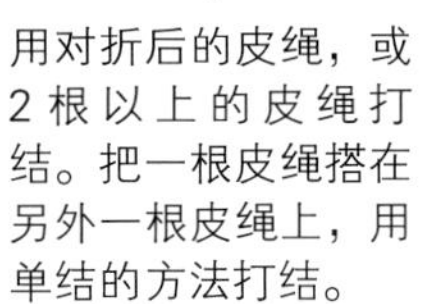

用对折后的皮绳，或2根以上的皮绳打结。把一根皮绳搭在另外一根皮绳上，用单结的方法打结。

2

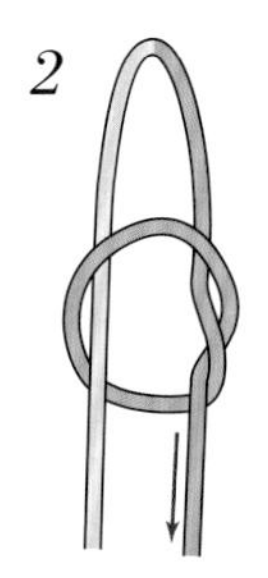

拉着绳头一直拉紧。

3

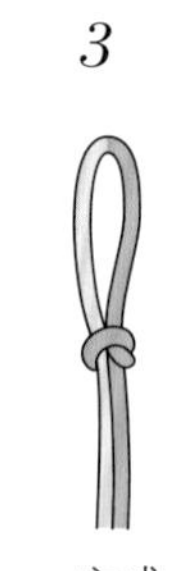

完成。

环结

用一根编结绳绕芯绳打结。

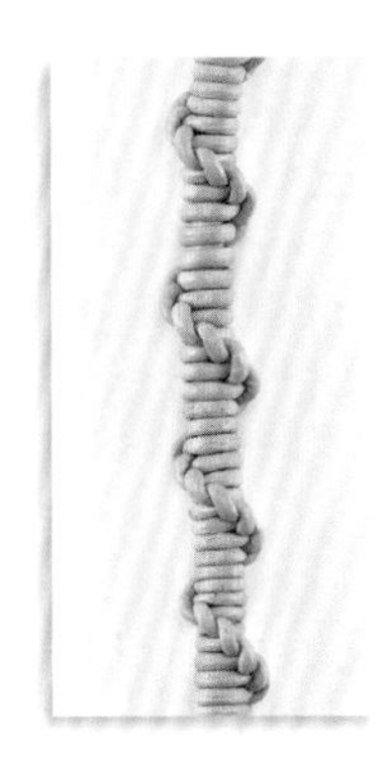

〈左环结〉

1

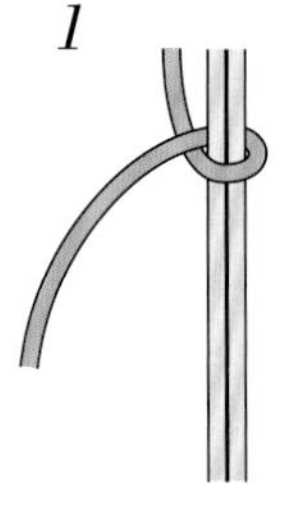

如图在芯绳上绕一圈编结绳，拉紧。

2

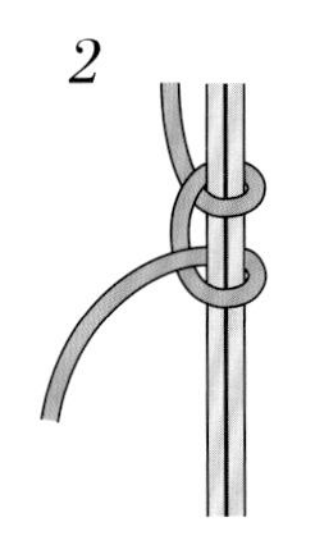

再按上述方法绕一圈，拉紧。

3

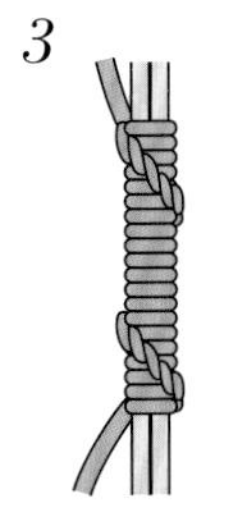

连续绕圈后编织成的左环结。

〈右环结〉

1

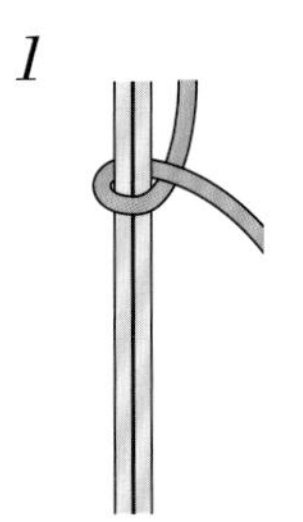

如图在芯绳上绕一圈编结绳，拉紧。

2

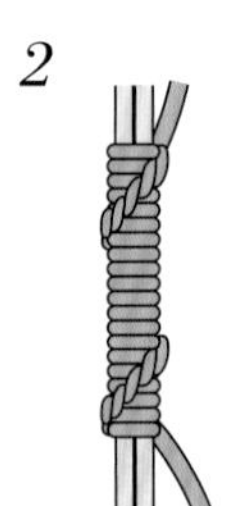

连续绕圈后编织成的右环结。

雀头结

是环结的应用。
把编结绳从上方和下方交错绕芯绳 2 圈，然后打结。

1

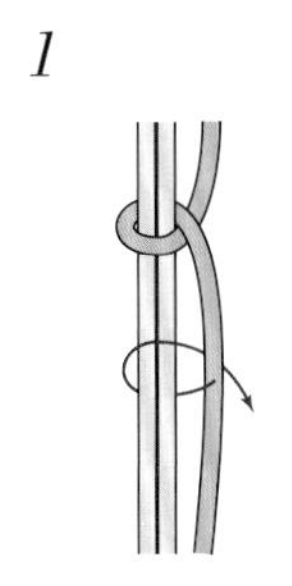

将编结绳从上面绕芯绳一圈，拉紧，然后再像箭头方向那样从下绕一圈。

2

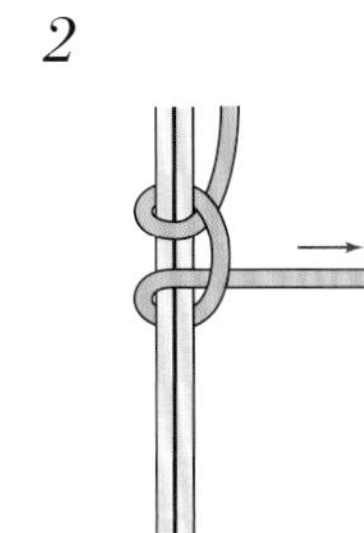

拉紧。

3

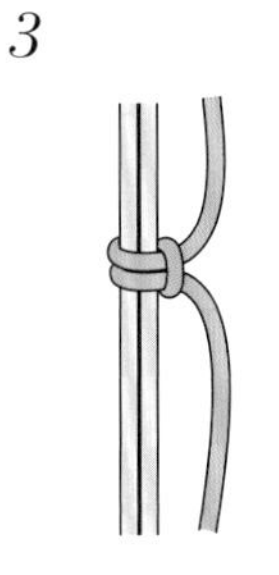

第 1 个雀头结完成。

4

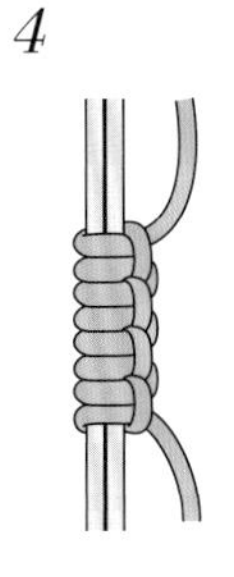

连续编织后的雀头结。

平结

把左右 2 根编结绳交错地放在芯绳上打结，是经常使用的基本结。

1

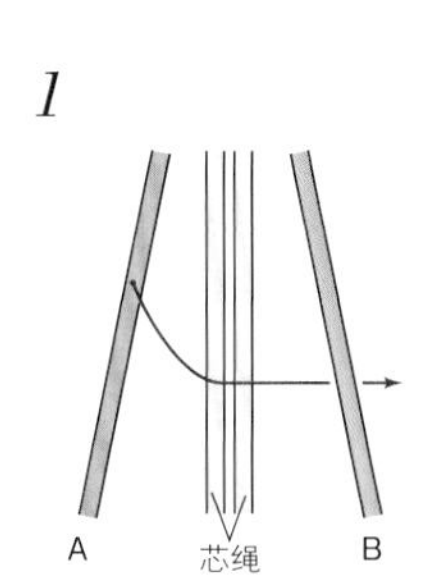
A
芯绳
B

把 A 放在芯绳上，再把 B 放在上面。

2

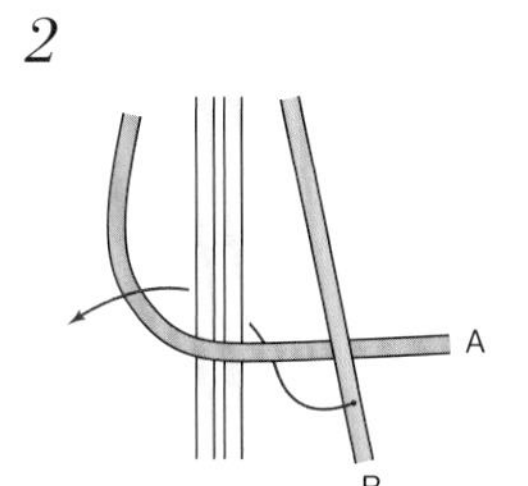
A
B

把 B 从芯绳后面绕过。

3

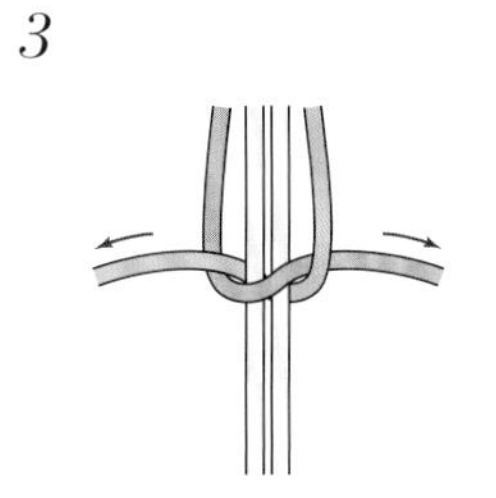

向左右拉紧。

4

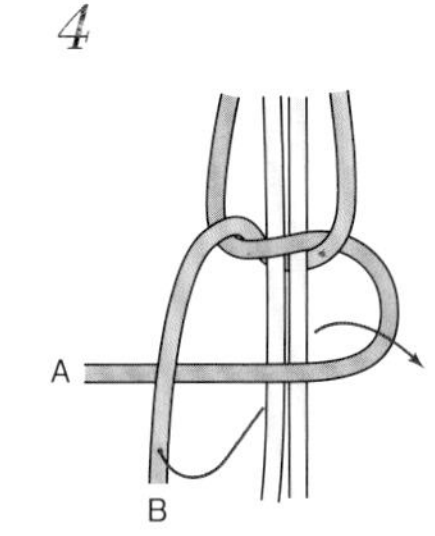
A
B

把编结绳和步骤 *1* 对称放置，让 B 如箭头那样穿过。

5

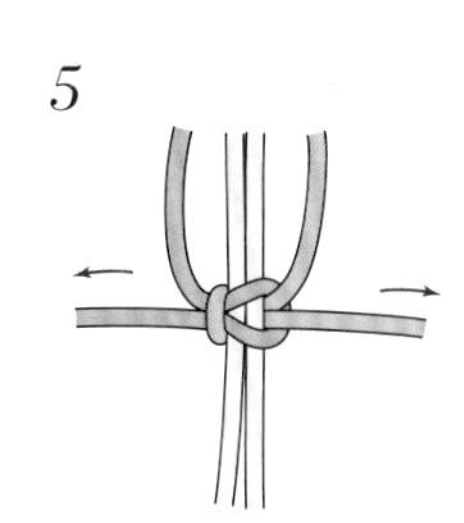

向左右拉紧，完成1次左上平结。

6

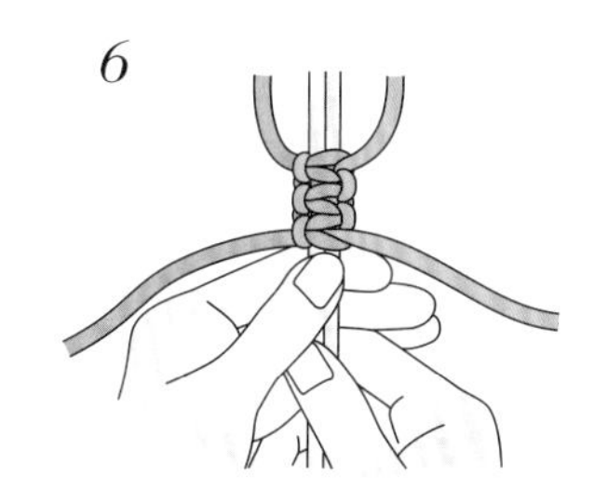

如果从编结绳空隙能看见芯绳的话，就把绳结向上推，进行调整。

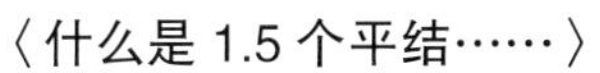

〈什么是 1.5 个平结……〉

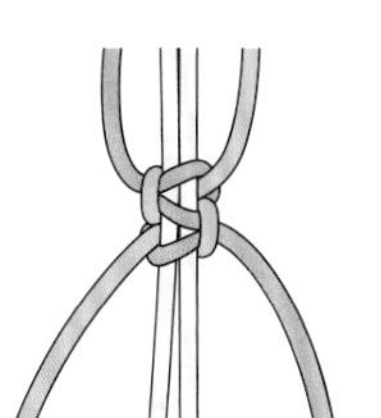

以步骤 *1* ~ *5* 打 1 次结后，再以步骤 *1* ~ *3* 打半个结。

〈右上平结〉

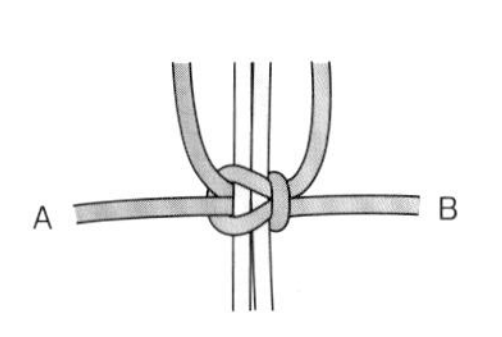
A
B

把步骤 *1* ~ *5* 左右对调进行编织（从右编结绳压芯绳开始）。

固定单结

用来把皮绳束在一起。

1

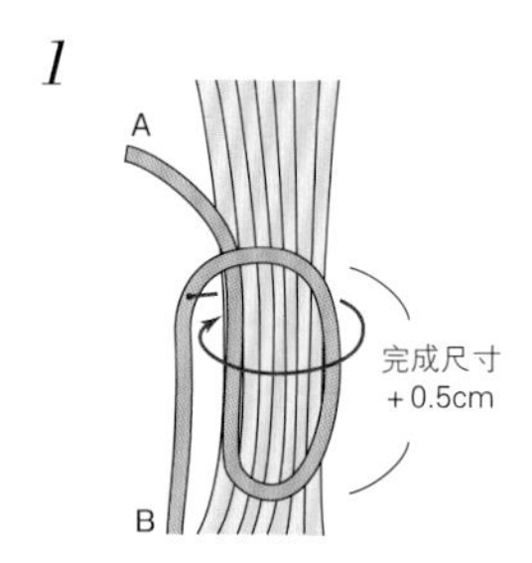
A
完成尺寸
+0.5cm
B

把想整理的皮绳束作为芯绳，用另外的皮绳如图对折，从上到下不留缝隙重复缠绕。

2

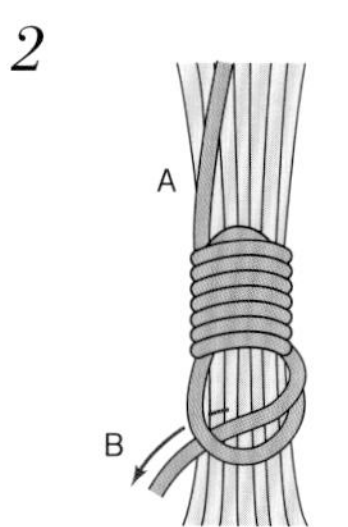
A
B

绕完规定的尺寸后，将皮绳的 B 端穿过下面的线圈。

3

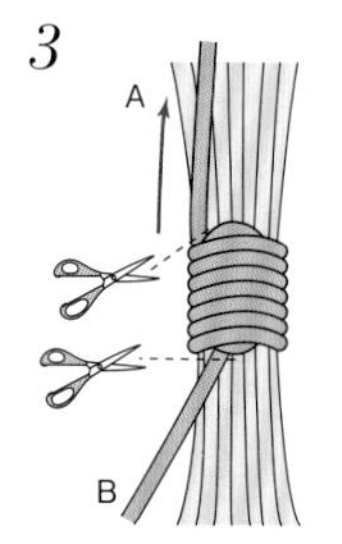
A
B

拉起 A 端，下面的线圈就会被拉进绕好的线圈里被固定住。然后将两端的绳头剪断。

8 字结

用一根编结绳绕到2根芯绳上编织。

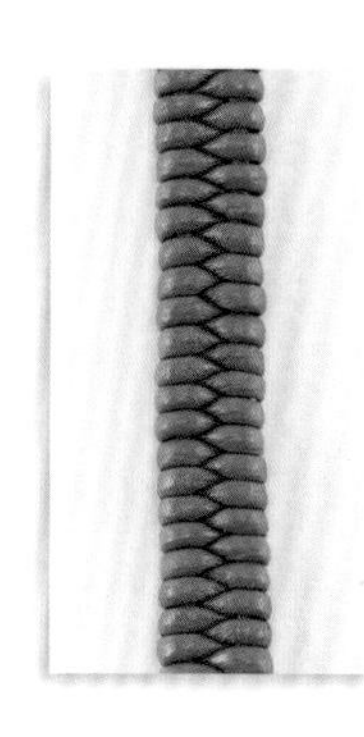

1

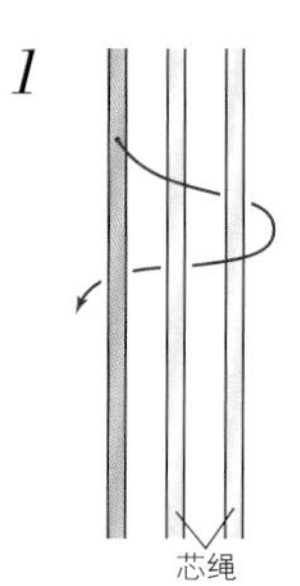
芯绳

把左边的编结绳如箭头所示穿过芯绳。

2

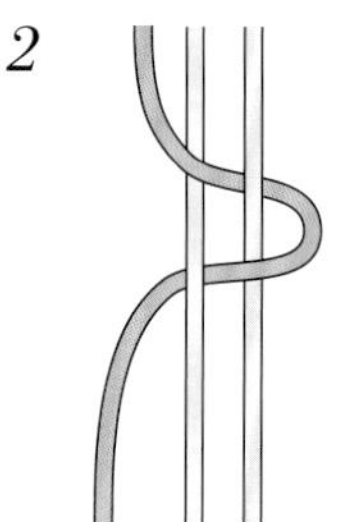

刚穿过的形状。

3

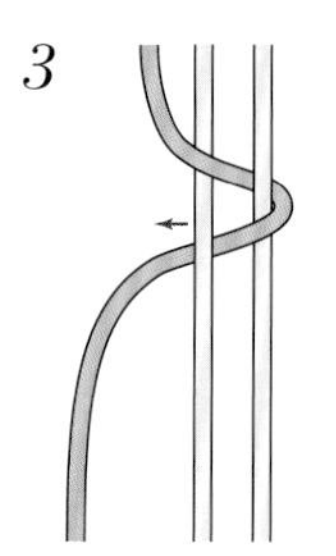

把绕在芯绳上的编结绳如箭头所示方向拉紧。

4

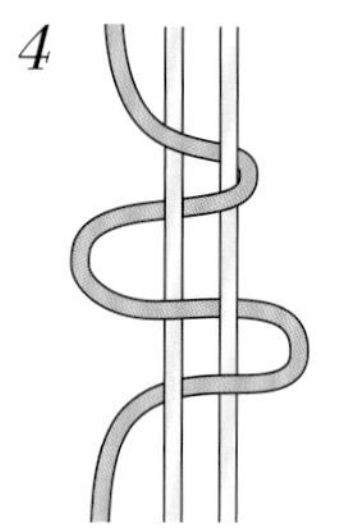

重复步骤 *1* ~ *3*。

5

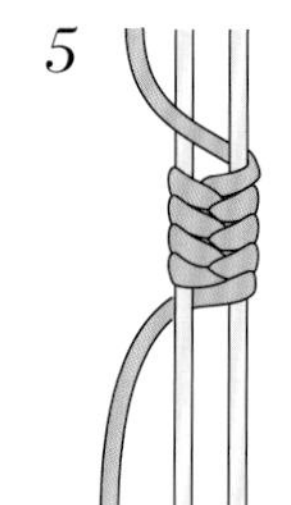

每打一次结拉紧一次。

双 8 字结

用2根编结绳绕到2根芯绳上编织。

1

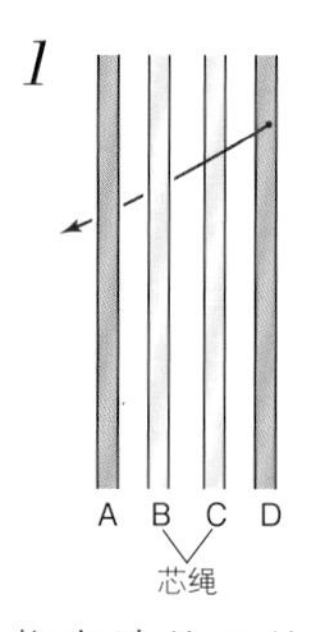
A B C D
芯绳

将右端的 D 从 C 的上面，B、A 的下面穿过。

2

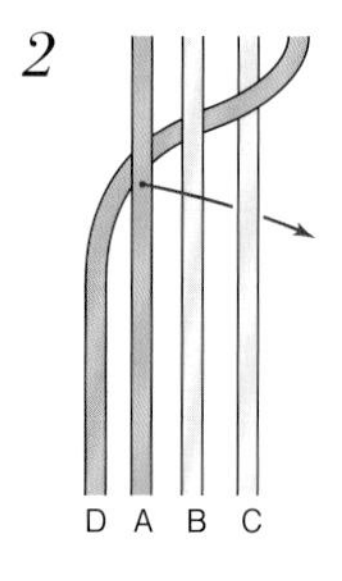
D A B C

将 A 从 B 的上面、C 的下面穿过。

3

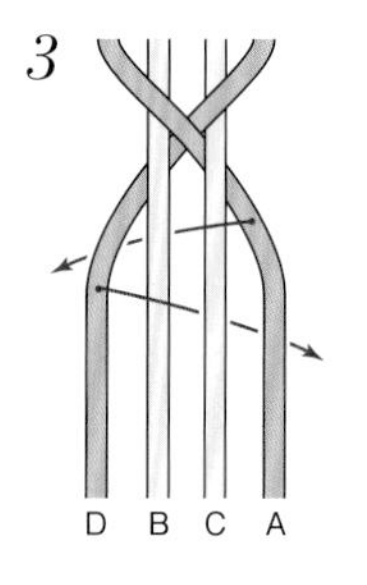
D B C A

形成一个结的样子。同样把 2 根编结绳左右交替如箭头所示穿过。

4

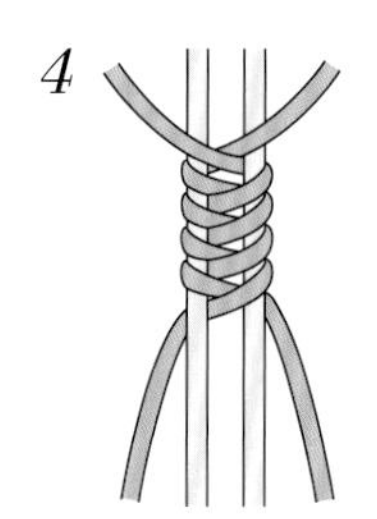

每形成一个结，把两端的编结绳向左右拉紧，边拉紧边打结。

束结

和固定单结一样，主要用来把皮绳束在一起。

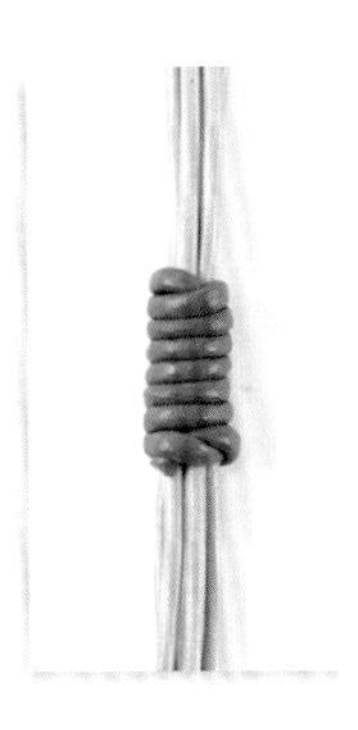

1

编结绳沿着芯绳一直到自己想卷的长度

编结绳

芯绳

让编结绳末端沿着芯绳一直到自己想卷的长度。

2

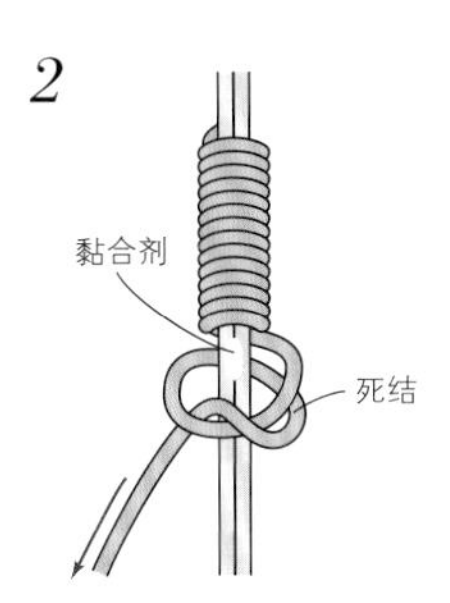
黏合剂
死结

从上到下不留空隙用编结绳重复绕圈，最后打死结，拉紧之前，在芯绳上涂上黏合剂。

3

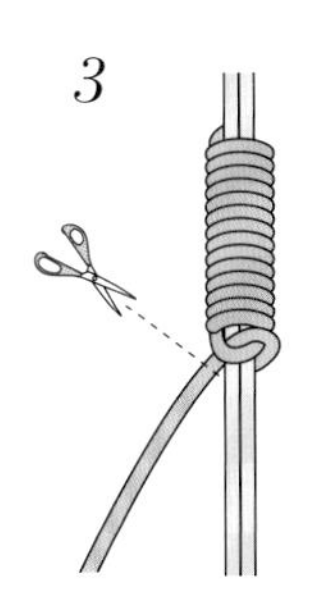

拉紧编结绳，在根部剪断。

淡路球

（淡路结的应用）拉紧淡路结，使之成为球状。

1

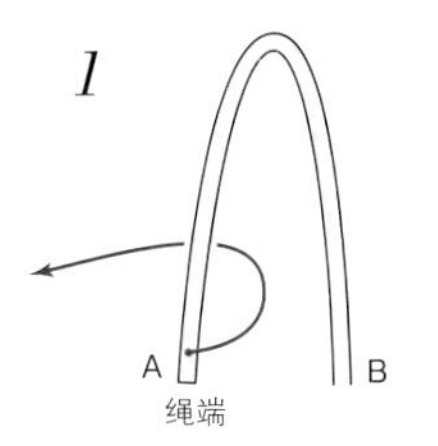
A
绳端
B

把皮绳对折后编结。把 B 端留长一点，把 A 端如箭头所示弯曲做成一个圈。

2

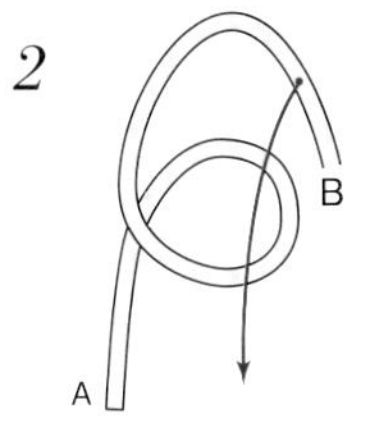
B
A

把 B 端放在线圈上。

3

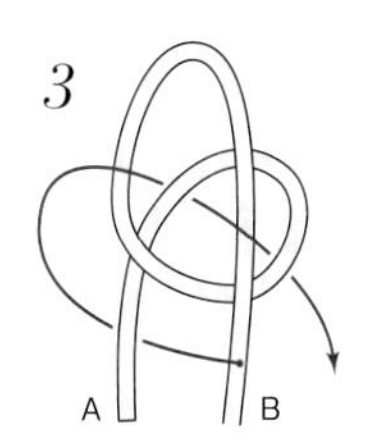
A
B

把 B 端如箭头所示向后、向前、再向后、向前、向后的顺序穿过。

4

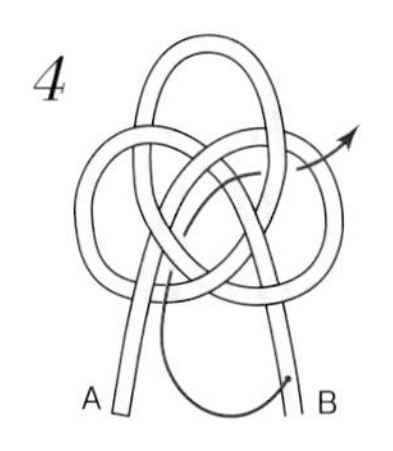
A
B

到这就是淡路结（1 圈）。继续把 B 端如箭头所示方向穿过。

5

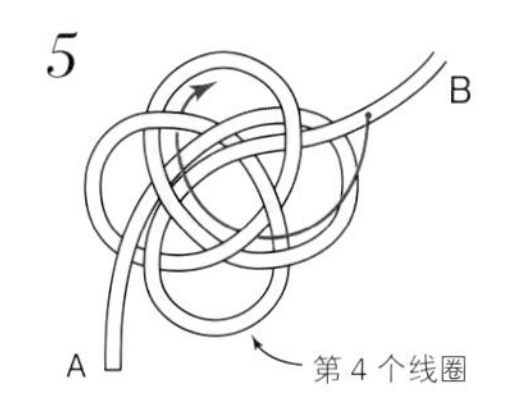
B
A
第 4 个线圈

在底下形成第 4 个线圈。沿着之前穿过的编结绳再穿一圈。

6

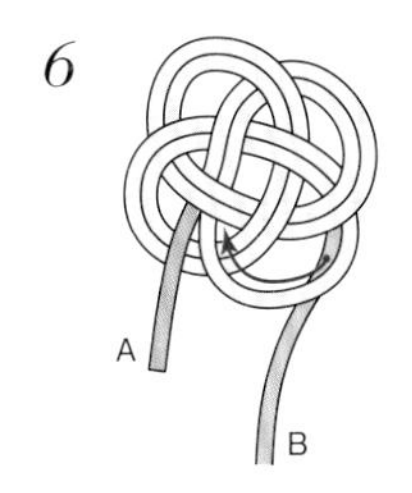
A
B

最后，如箭头所示从前向后穿过（3 圈的时候，再重复一下步骤 5 的动作再向后穿过）。

7

B
A

一点一点按顺序拉紧，不要有缝隙。

8

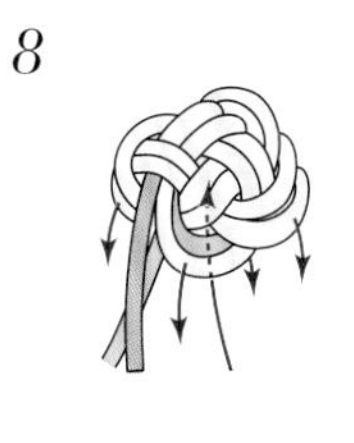

用手指从里面把中央部分向上推，让 4 个线圈向下并保持圆形。

9

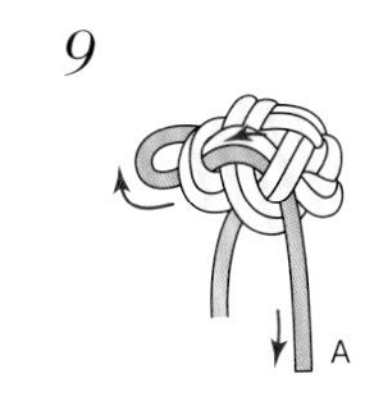
A

A 端稍微留长一点，松一下拉一下，注意不要一次拉得太紧。

10

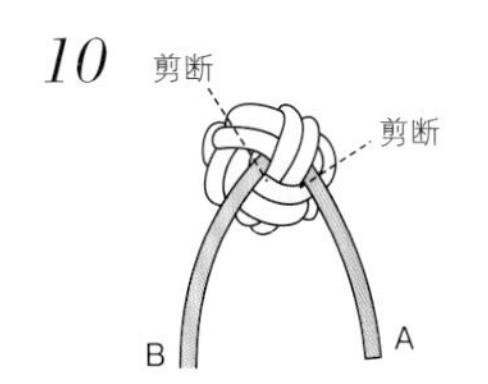
剪断
剪断
B
A

用手指调整成球状，拉紧剪掉线头。剪断的部分用黏合剂固定。

11

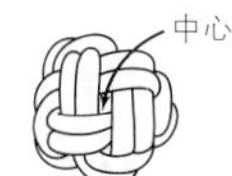
中心

调整形状，完成。

四线纽扣结

在绳端的末尾或者设计需要时使用的编织方法。把皮绳按顺时针重叠。

1

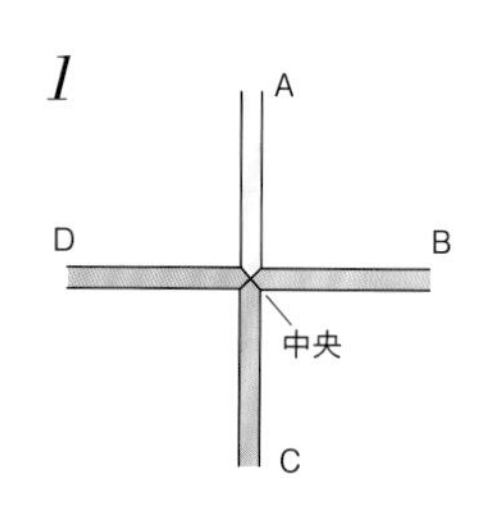
A
D
B
中央
C

把 4 根绳展开，搭成一个“十”字。

2

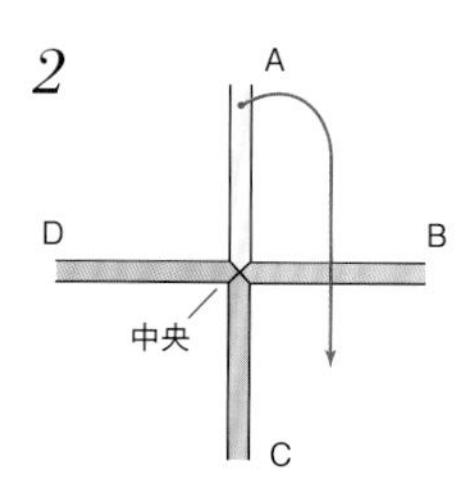
A
D
B
中央
C

把 A 叠在 B 上。

3

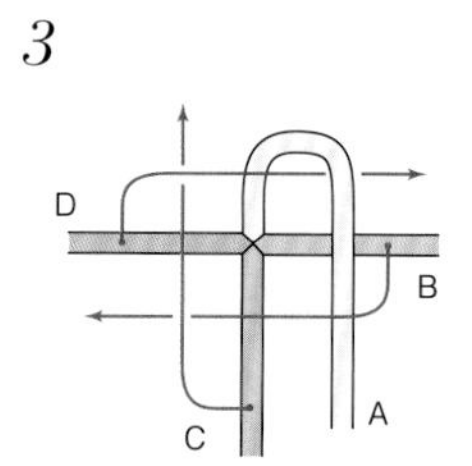
D
B
C
A

把 B 叠在 A 和 C 上、C 叠在 B 和 D 的上面这样顺时针重叠。把 D 放在 C 上之后，穿过 A 叠在 B 上时形成的线圈(如果就这样拉紧的话，就是一个“圆柱结”)。

4

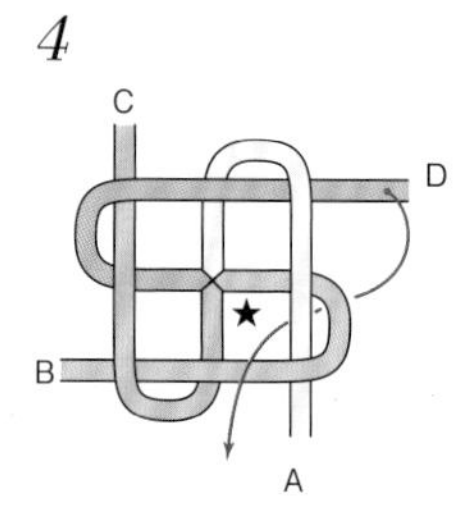
C
D
★
B
A

将 D 从下到上穿过靠近中心的线圈 (★)。

5

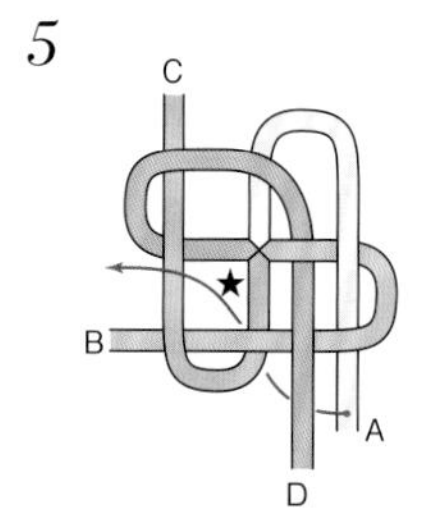
C
★
B
A
D

同样将 A 从下到上穿过靠近中心的线圈 (★)。

6

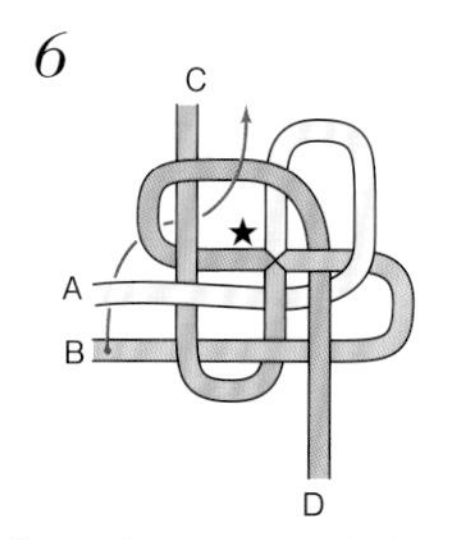
C
★
A
B
D

将 B 也以相同方式穿过。

7

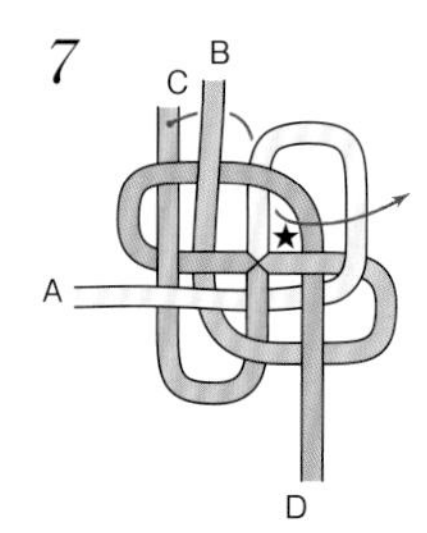
B
C
★
A
D

左后的 C 也以相同方式穿过，但这时候线圈空间变小，穿线时要注意。

8

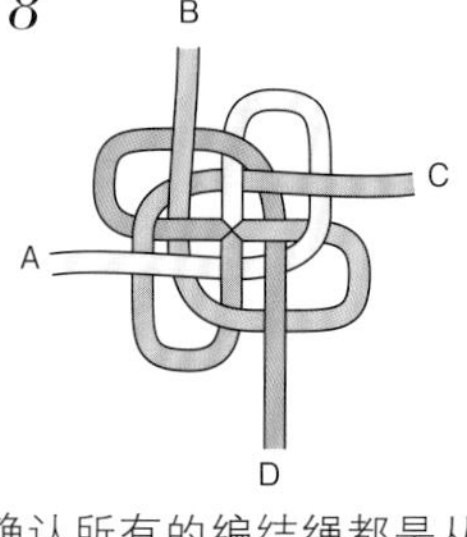
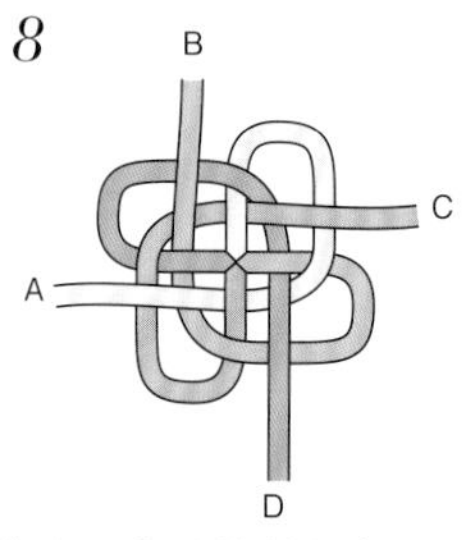
B
C
A
D

确认所有的编结绳都是从靠近中心的线圈穿出，并且都是从下向上的。

9

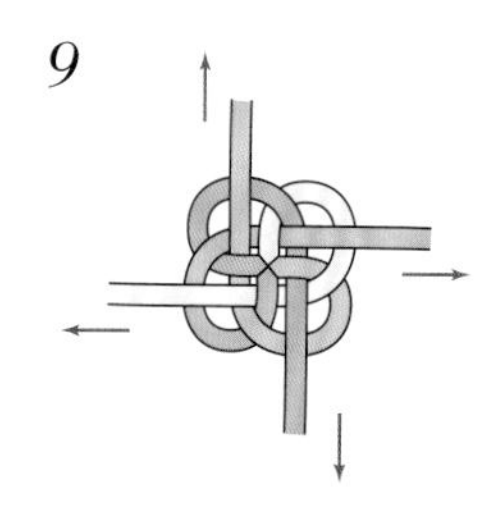

一根一根均匀地将编结绳向各个方向拉紧。

10

用锥子，把编结绳一根一根地向绳尾的方向拉紧。

11

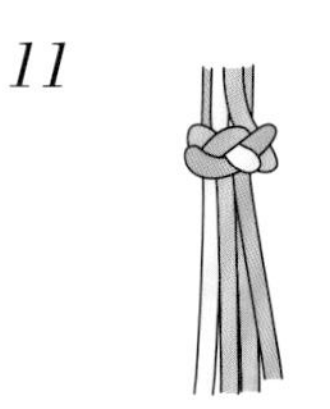

最后整理形状，完成。

包芯四线纽扣结

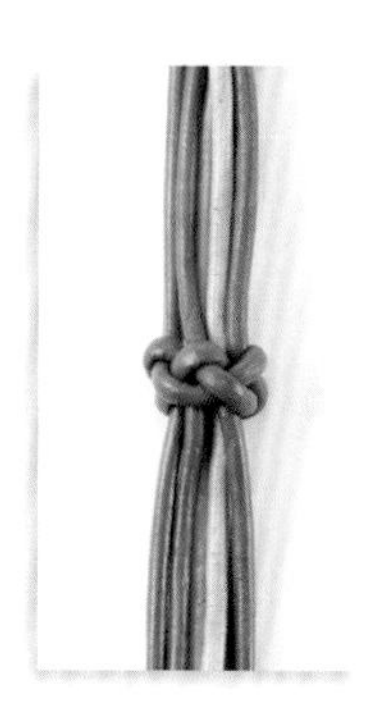

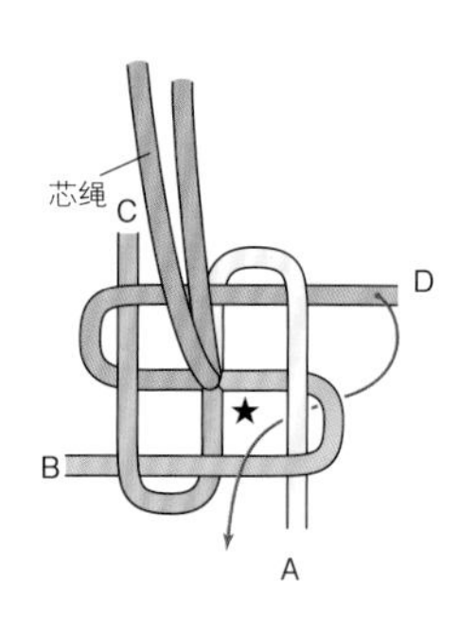
芯绳
C
D
★
B
A

把芯绳放在中心的位置，绕芯绳编四线纽扣结就行。

※ 四线纽扣结的制作方法参照 P.41。

线圈结

用单结的要领卷 2 圈以上，使之成为螺旋状。

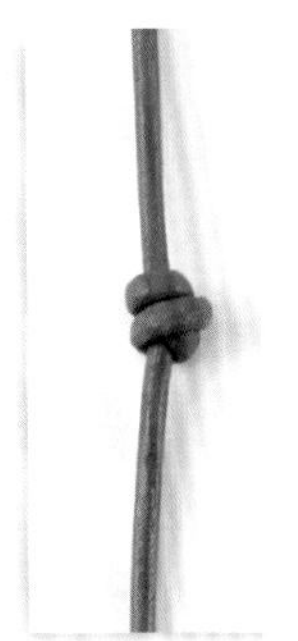

1

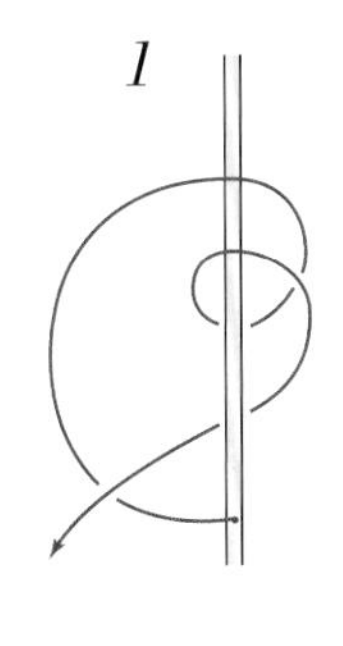

用单结的要领卷自己喜欢的圈数（图上是 2 圈）。

2

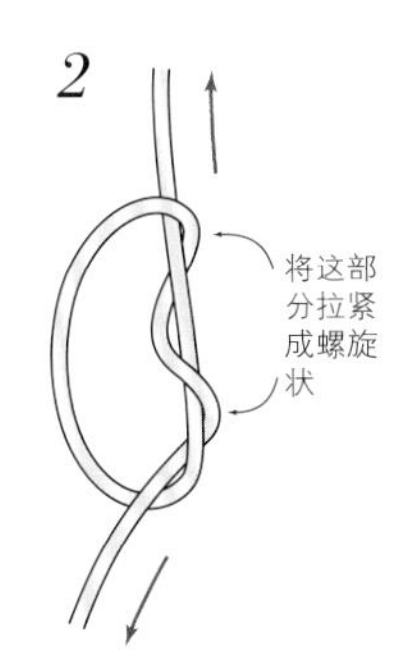
将这部分拉紧成螺旋状

将卷起的部分拉紧成螺旋状。

3

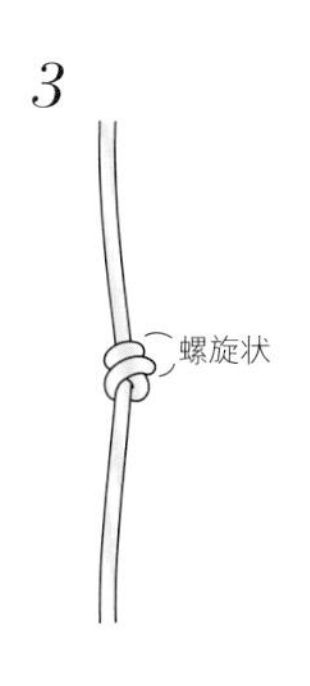
螺旋状

线圈结（2 圈）完成。

三股辫

用 3 根皮绳左右交替放入内侧编织。

1

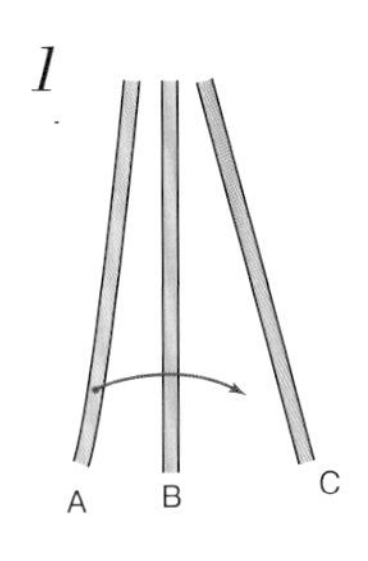
A B C

将 A 放在 B 上交叉。

2

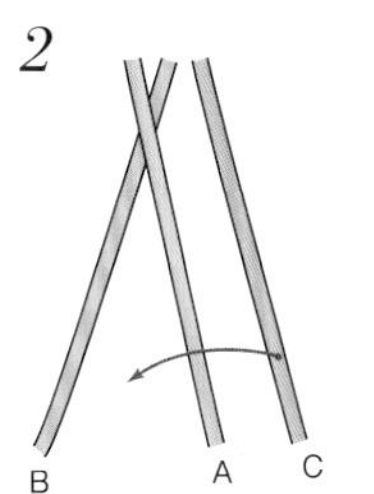
B A C

将 C 放在 A 上交叉。

3

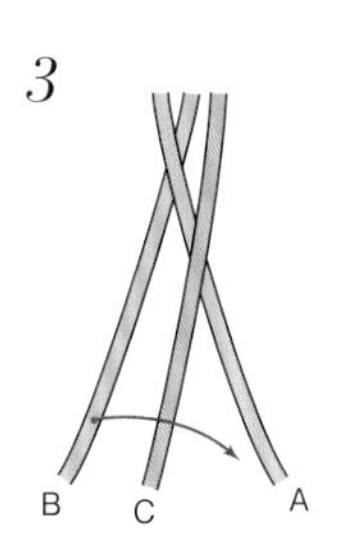
B C A

同步骤 *1*、*2*，将外侧的皮绳放入内侧编织。

4

边编织边拉紧，不要有缝隙。

六股辫

将两侧的皮绳放入内侧交替编织。

1

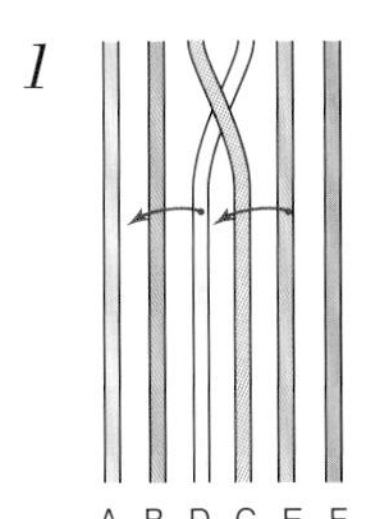
A B D C E F

把中央的 2 根皮绳交叉，左侧放在上面。如箭头所示把 D 放在 B 上，E 放在 C 上交叉。

2

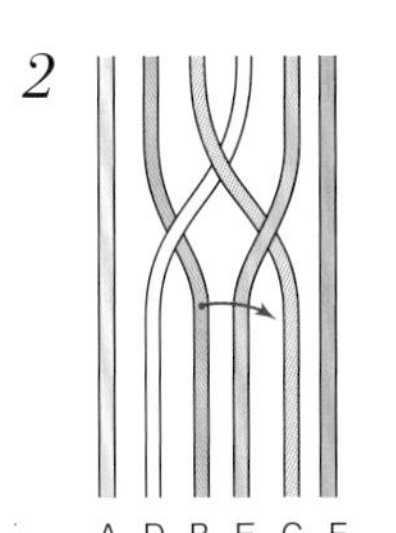
A D B E C F

把中央的 2 根皮绳交叉，左侧放在上面。

3

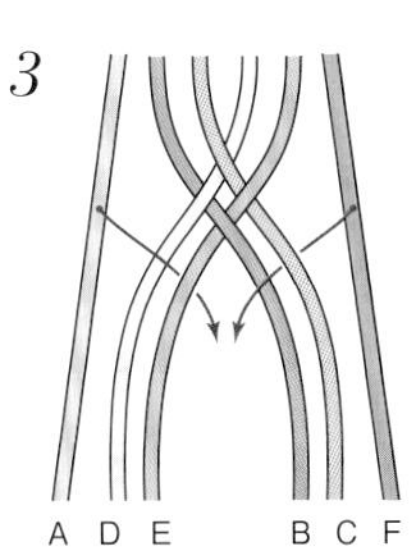
A D E B C F

将右边外侧的皮绳 F 从 C 的下面、B 的上面穿过。将左边外侧的皮绳 A 从 D 的上面、E 的下面穿过。

4

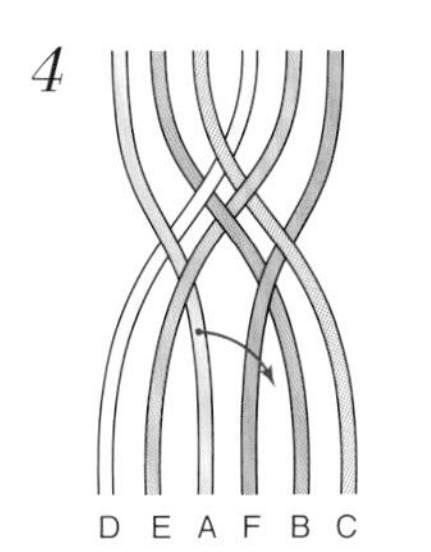
D E A F B C

和步骤 *2* 相同，把中央的 2 条皮绳交叉，左侧放在上面。

5

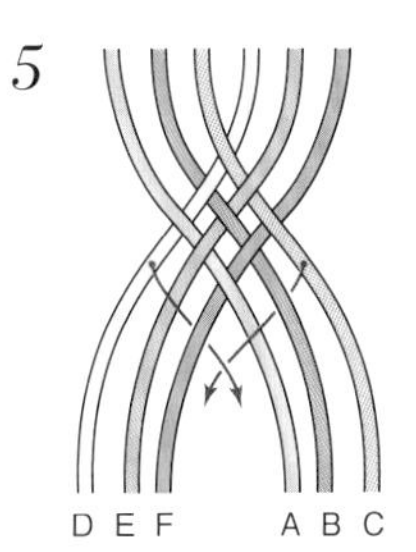
D E F A B C

和步骤 *3* 相同，如箭头所示将两边的皮绳各自从紧邻的皮绳的上下通过。重复步骤 2、3。

6

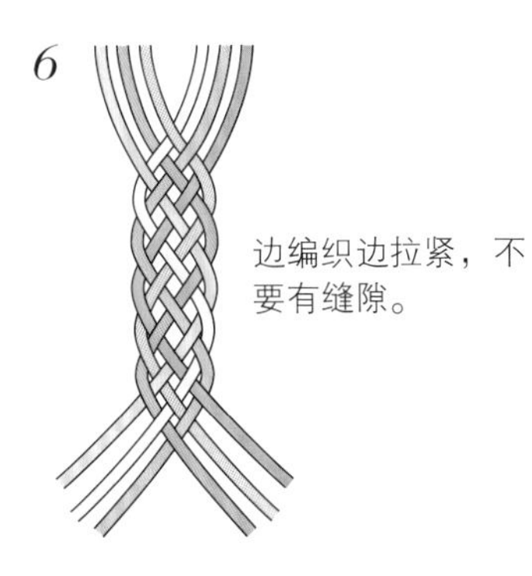

边编织边拉紧，不要有缝隙。

盘编四股辫

用 4 根皮绳，将两侧的皮绳放入内侧进行编织。
如果是扁皮绳的话，要注意正面朝外。

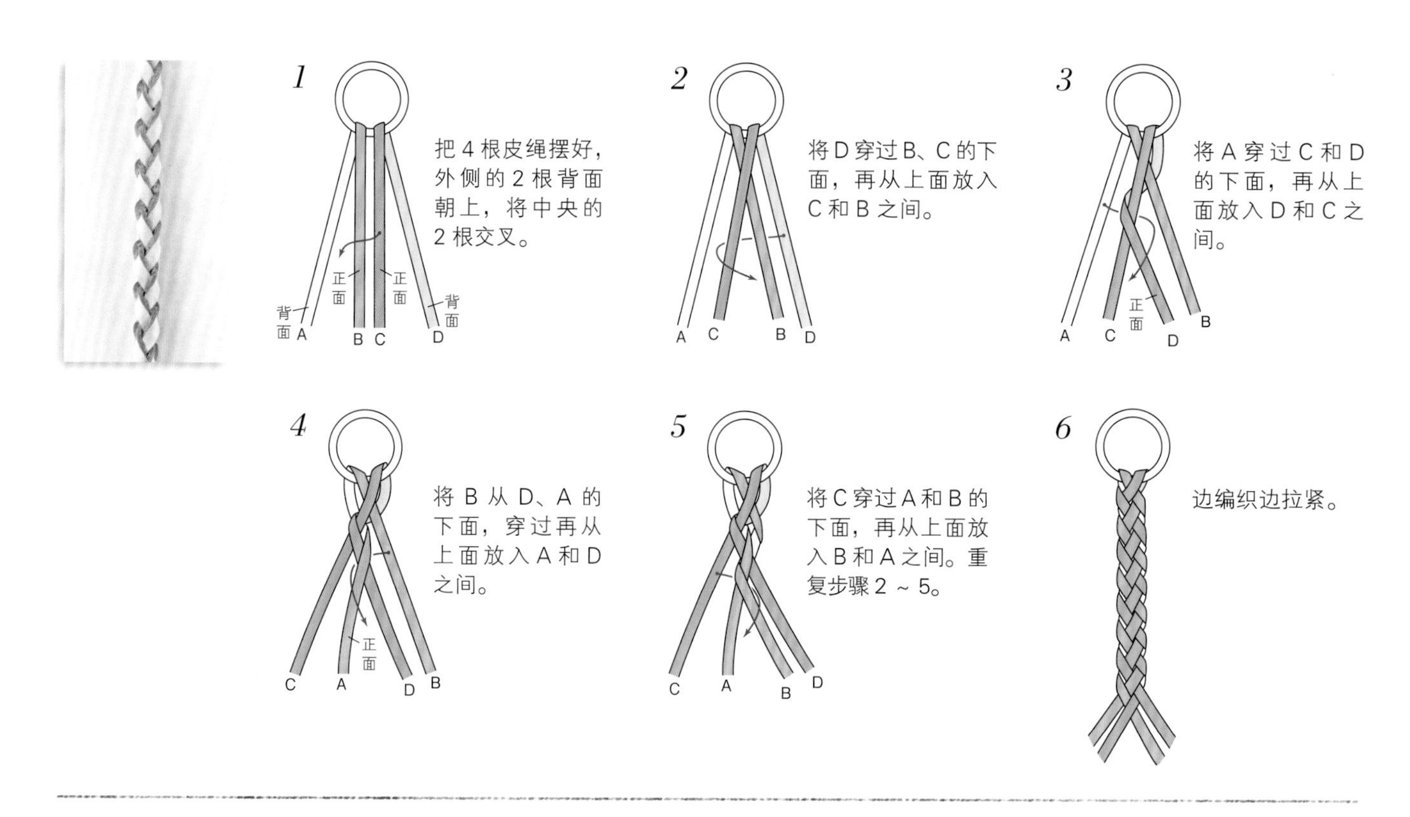
1
把 4 根皮绳摆好，外侧的 2 根背面朝上，将中央的 2 根交叉。
背面
正面
正面
背面
A
B C
D
2
将 D 穿过 B、C 的下面，再从上面放入 C 和 B 之间。
A C B D
3
将 A 穿过 C 和 D 的下面，再从上面放入 D 和 C 之间。
正面
A C D B
4
将 B 从 D、A 的下面，穿过再从上面放入 A 和 D 之间。
正面
C A D B
5
将 C 穿过 A 和 B 的下面，再从上面放入 B 和 A 之间。重复步骤 2 ~ 5。
C A B D
6
边编织边拉紧。

盘编六股辫

用 6 根皮绳像盘编四股辫那样，将两侧的皮绳放入内侧进行编织。
如果是扁皮绳的话，要注意正面朝上。

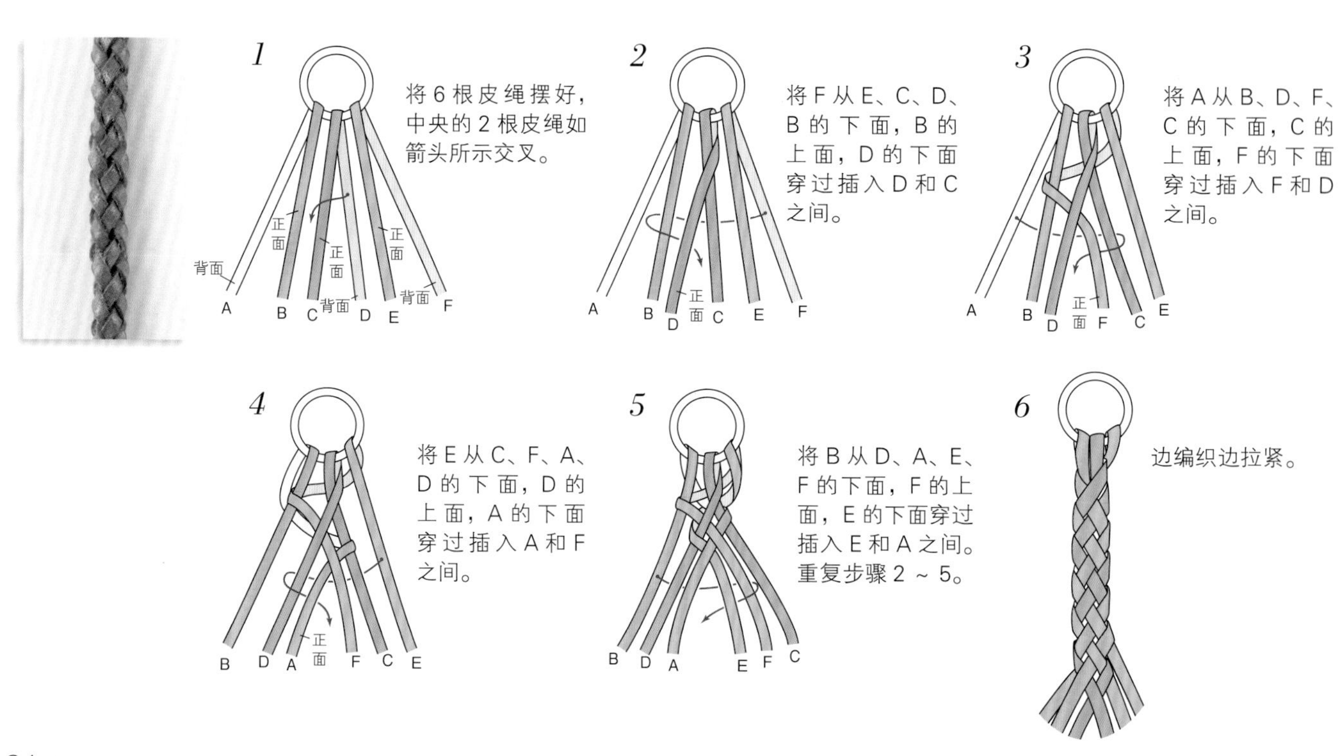
1
将 6 根皮绳摆好，中央的 2 根皮绳如箭头所示交叉。
背面
正面
正面
正面
背面
背面
A B C D E F
2
将 F 从 E、C、D、B 的下面，B 的上面，D 的下面穿过插入 D 和 C 之间。
正面
A B D C E F
3
将 A 从 B、D、F、C 的下面，C 的上面，F 的下面穿过插入 F 和 D 之间。
正面
A B D F C E
4
将 E 从 C、F、A、D 的下面，D 的上面，A 的下面穿过插入 A 和 F 之间。
正面
B D A F C E
5
将 B 从 D、A、E、F 的下面，F 的上面，E 的下面穿过插入 E 和 A 之间。重复步骤 2 ~ 5。
B D A E F C
6
边编织边拉紧。

斜纹八股辫

用 8 根皮绳，将两侧的皮绳放入内侧进行编织。形成方柱形。

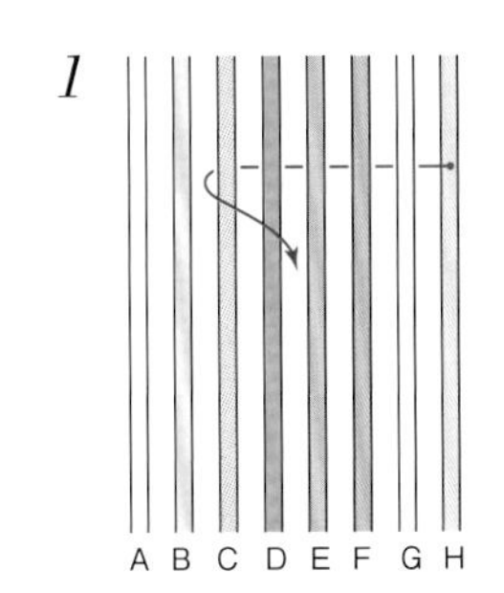
1
A B C D E F G H

将右边的 H 从下面通过 G、F、E、D、C，从 C 上面插入 D 和 E 之间。

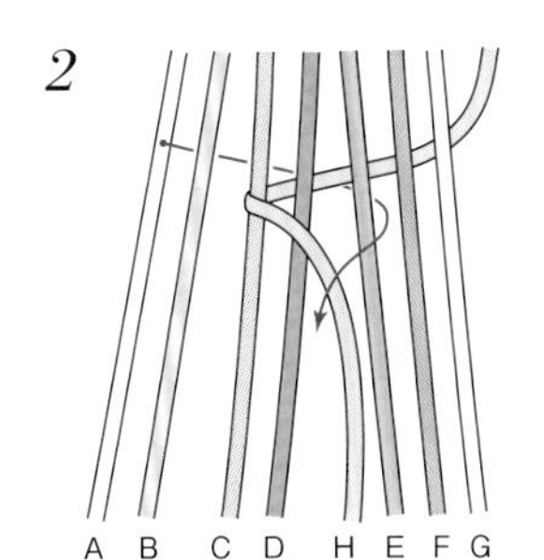
2
A B C D H E F G

将左边的 A 如箭头所示从下面通过 B、C、D、H、E，从 E 上面插入 H 和 D 之间。

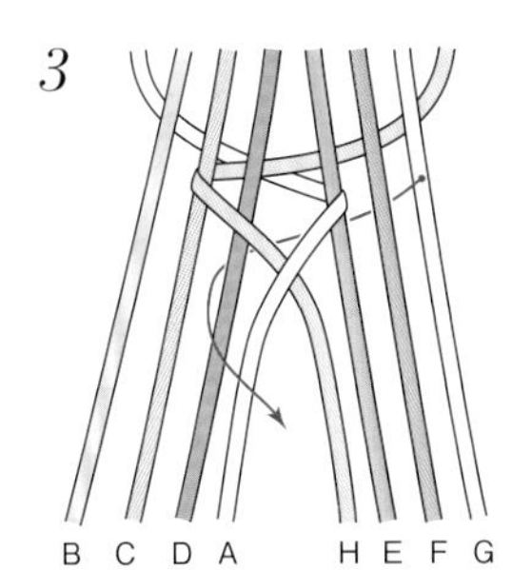
3
B C D A H E F G

将右边的 G 如箭头所示从下面通过，从 D 上插入 A 和 H 之间。

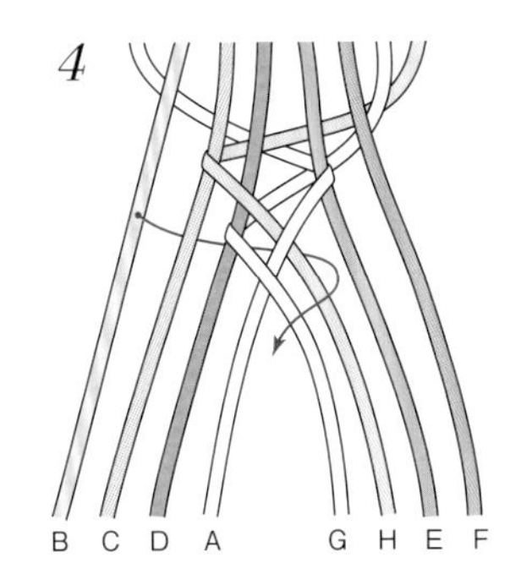
4
B C D A G H E F

重复步骤 *2*、*3*，将外侧的皮绳放进中央进行编织。

5

边编织边拉紧。

圆环的处理方法

请一定要把圆环上下打开。这时简单的方法是使用圆环专用钢圈。如果没有圆环专用钢圈，用两把钳子夹住开口的左右打开。向左右张开时注意会发生变形或折断。

圆环专用钢圈的使用方法

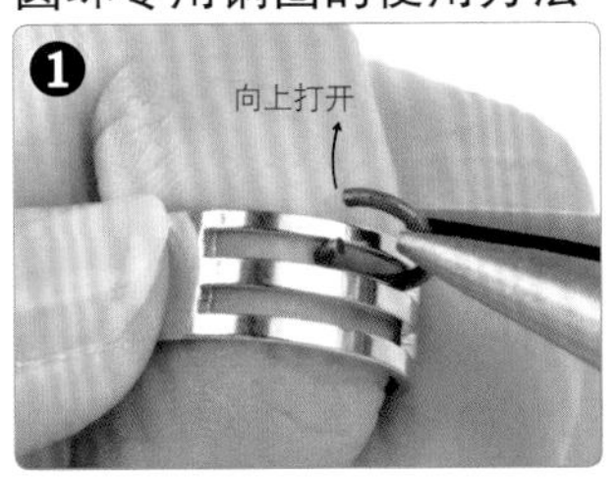
❶
向上打开

用钳子夹住圆环，固定在戴在食指上的圆环专用钢圈的缝隙里上下打开。

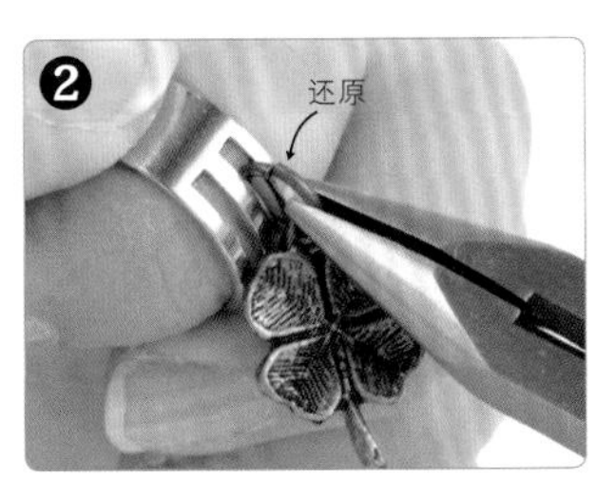
❷
还原

将配件穿入圆环，固定在圆环专用钢圈的缝隙里还原。

皮绳不容易穿过串珠时

穿多根皮绳时

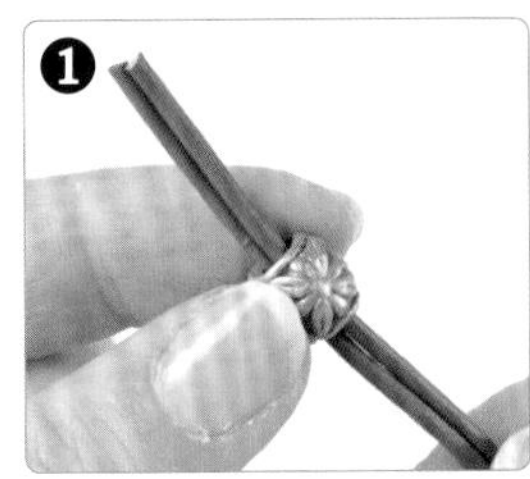
❶

首先穿 2 根皮绳。

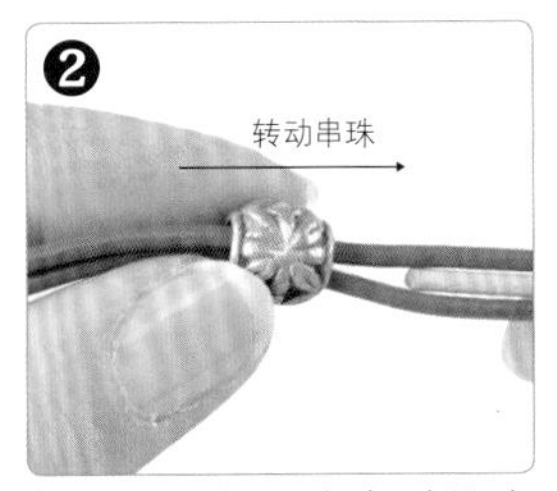
❷
转动串珠

将第 3 根绳夹在穿过的皮绳里，边转动串珠边把皮绳往里放。

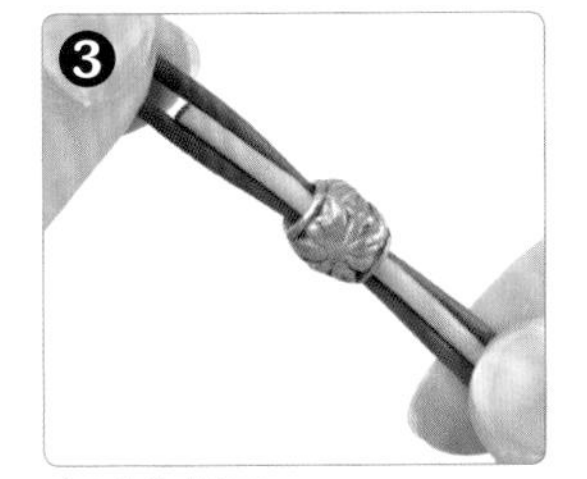
❸

穿过的样子。

穿孔比较小的串珠时

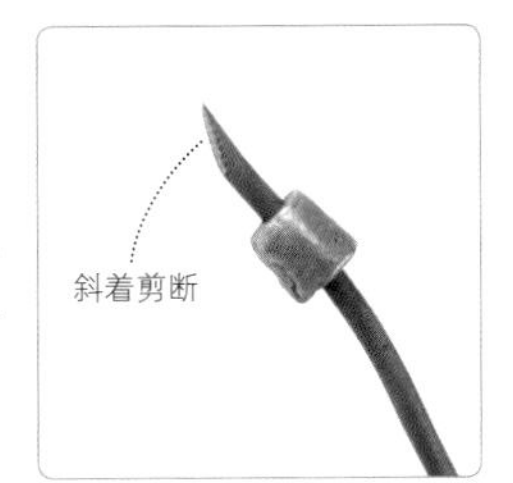
斜着剪断

将绳头斜着剪断就容易穿入串珠了。

制作方法

制作方法

介绍一点皮绳饰品的编织技巧。
只要细心地编织，作品的魅力和佩戴时的感觉可能都不一样哟。

皮绳要预留一些长度

因为编织时手的力度不同，使用皮绳的长度会发生变化，特别是制作短的作品时，有可能会发生中途皮绳不够的现象，所以最好多预留一些长度。

在编织之前要做练习

皮绳经过多次编织后会留有痕迹，损伤皮绳，建议初学者先用其他的编绳练习之后再进行作品编织。

要注意皮绳的正反面

要注意扁皮绳的正反面，随时确认正面朝上。

用力要均匀

在编织的时候，一直都用力均匀地拉紧；力度固定时，整齐的绳结间隙会很漂亮。绳结拉紧时注意不让松开（用力过度拉皮绳的话会断掉，请注意）。

测量尺寸后再编织

本书中作品的尺寸都是为了阅读方便。手环、戒指等想用准确的尺寸的话，要根据自己的尺寸进行编织。项链等可以按照自己喜欢的长度编织。

皮绳的保存

皮绳在存放时，一定要避开长时间日光直射、高温多湿的地方。弄湿的话会变色或发生霉变，所以一定要注意。佩戴之后，放在通风处，使用期会延长。介意气味的话，预先阴干就会减轻。

封面项链的制作方法

要点是宝石被竹篮结包裹的吊坠。
参考 P.38 图片提示的过程进行编织。
项链（02）也在 P.41 做了要点说明。

01、02 | 项链和手链 P.4

01a

材料

染色植鞣皮绳〔2mm〕棕色（812）120cm 1根、50cm 1根 、100cm 4根
宝石〔凸圆形〕绿松石（AC1155）1颗
金属环（AC449）1个

尺寸

长63cm

02a

材料

染色植鞣皮绳〔2mm〕棕色（812）120cm 1根、60cm 1根 、50cm 2根
宝石〔凸圆形〕绿松石（AC1155）1颗
金属环（AC449）1个

尺寸

长24.5cm

※01、02其他颜色的材料参见P.71。

01a

2cm
2cm
⑦ 将绳端斜着剪断
编织起点
⑥ 将编好的盘编四股辫的绳尾折回，编1个包芯四线纽扣结
② 用4根100cm的皮绳编1个四线纽扣结
③ 穿上金属环
④ 编盘编四股辫60cm
⑤ 穿过吊坠的绳圈
① 用120cm、50cm的皮绳制作吊坠

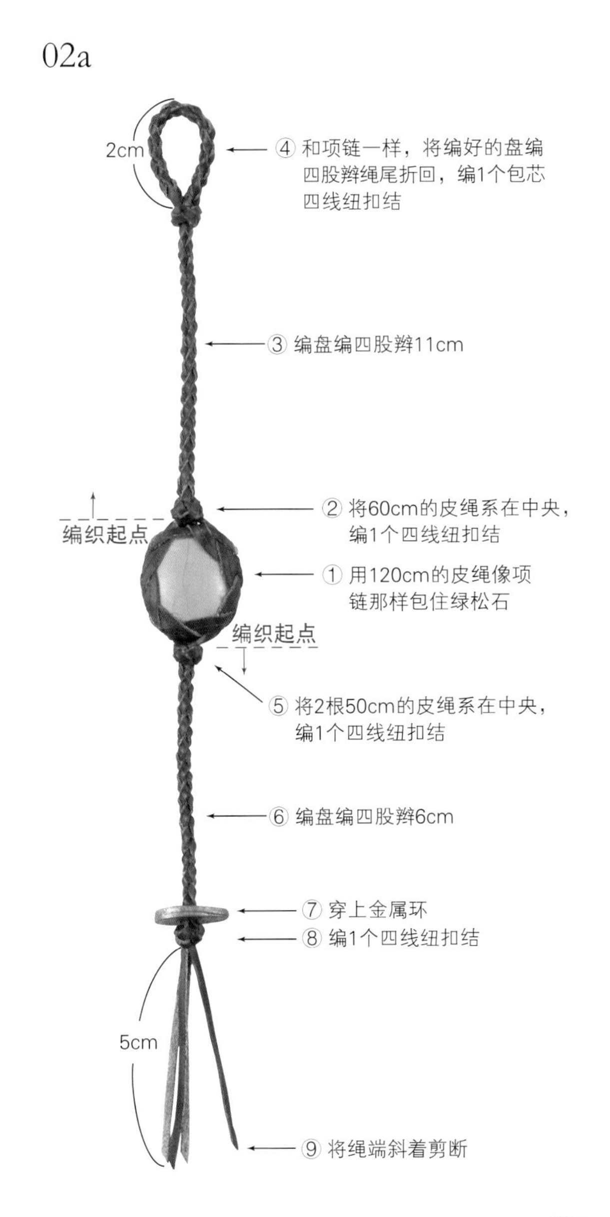
02a
2cm
④ 和项链一样，将编好的盘编四股辫绳尾折回，编1个包芯四线纽扣结
③ 编盘编四股辫11cm
编织起点
② 将60cm的皮绳系在中央，编1个四线纽扣结
① 用120cm的皮绳像项链那样包住绿松石
编织起点
⑤ 将2根50cm的皮绳系在中央，编1个四线纽扣结
⑥ 编盘编四股辫6cm
⑦ 穿上金属环
⑧ 编1个四线纽扣结
5cm
⑨ 将绳端斜着剪断

编竹篮结

竹篮结……将皮绳卷在筒状的物体上形成一个圈，再将皮绳不断穿过绳圈编织绳结的方法。

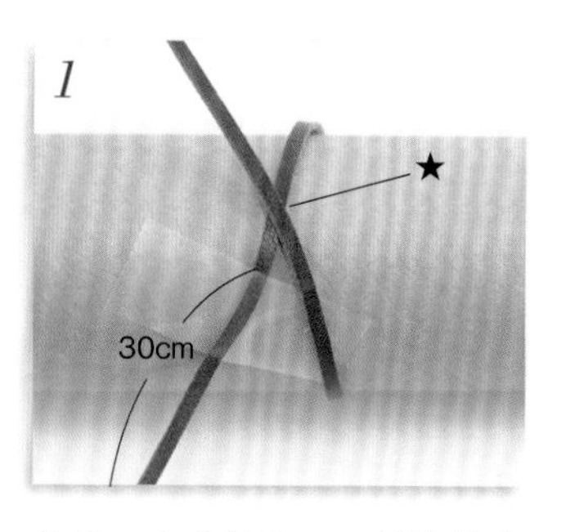
1
★
30cm

准备一个直径约3cm的筒状物品，将120cm的皮绳绳头预留约30cm，用胶带固定，慢慢地卷在圆筒上并交叉（★）。

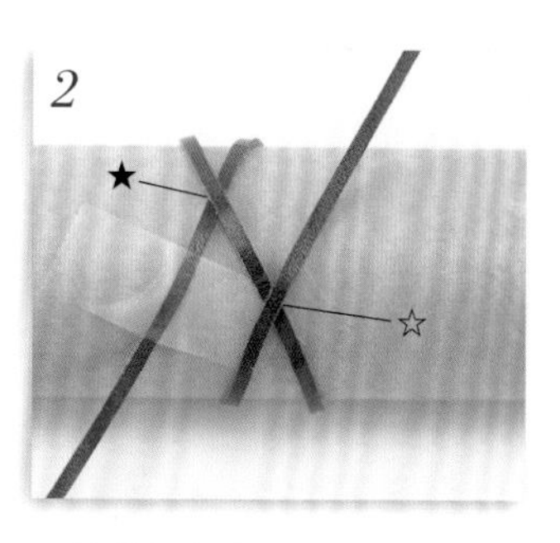
2
★
☆

再继续慢慢卷、交叉，用胶带固定（☆）。

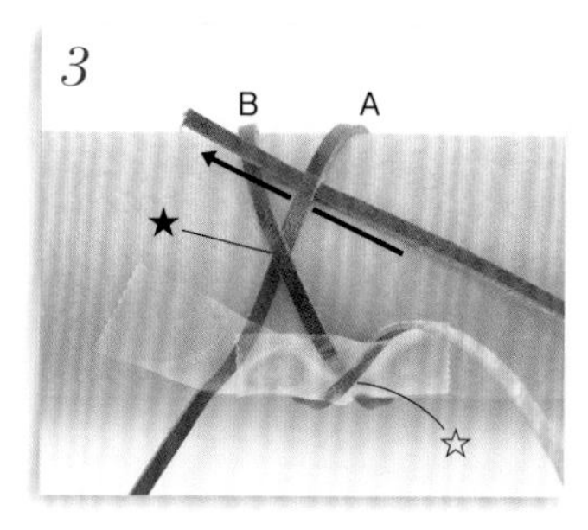
3
B
A
★
☆

绳头B在跨过第一个交叉点（★）时从A的下面穿过。

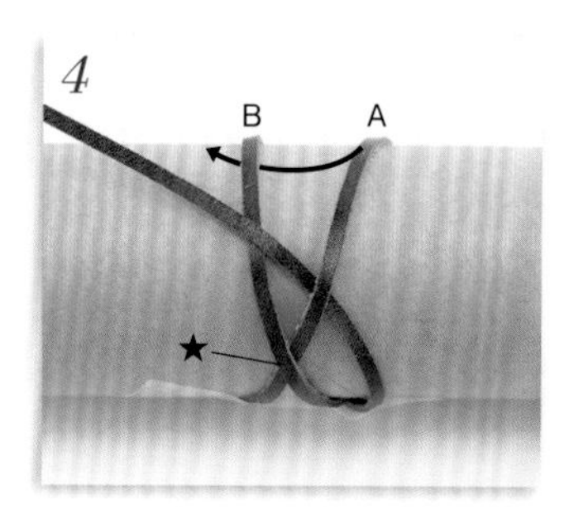
4
B
A
★

穿过皮绳后的样子。将右侧的A绳从B绳下面穿过，更换A和B的位置。

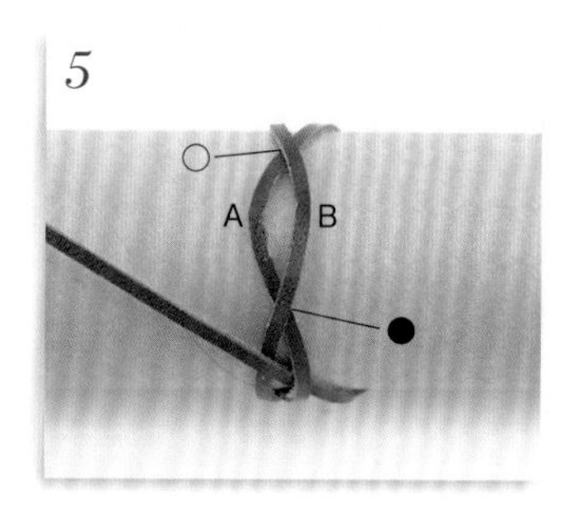
5
○
A
B
●

更换后的样子。在●和○处交叉，在中间形成一个线圈。

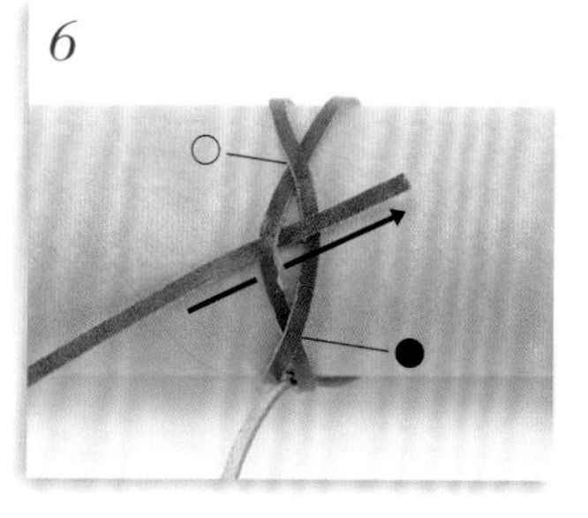
6
○
●

将绳头从左侧的绳子下面穿过。

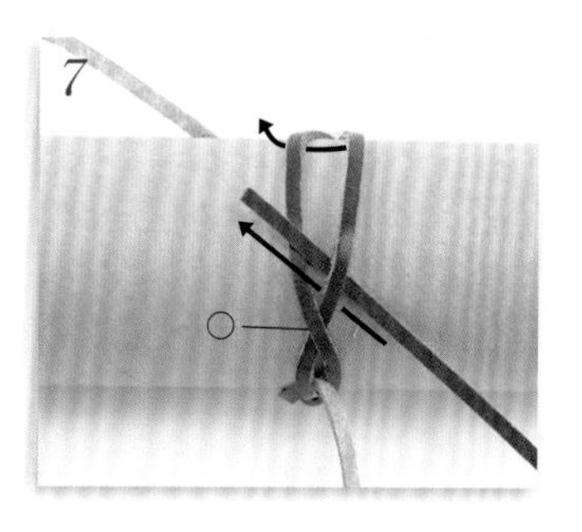
7
○

当通过○处时，将绳头如图所示穿过。如箭头所示重复一遍步骤*4* ~ *7*。

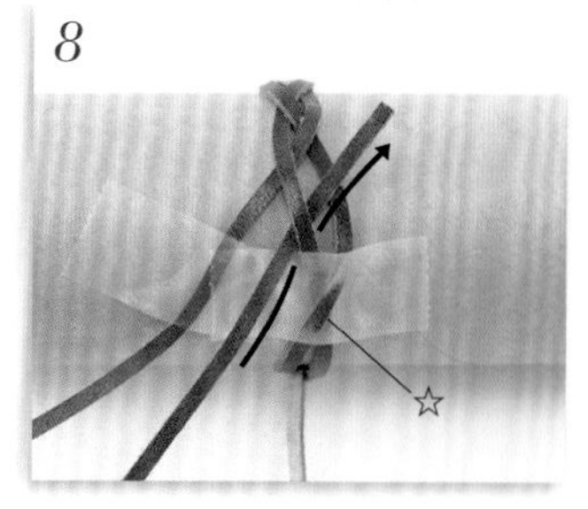
8
☆

当通过☆处时，将绳头从左侧的皮绳下面穿过。

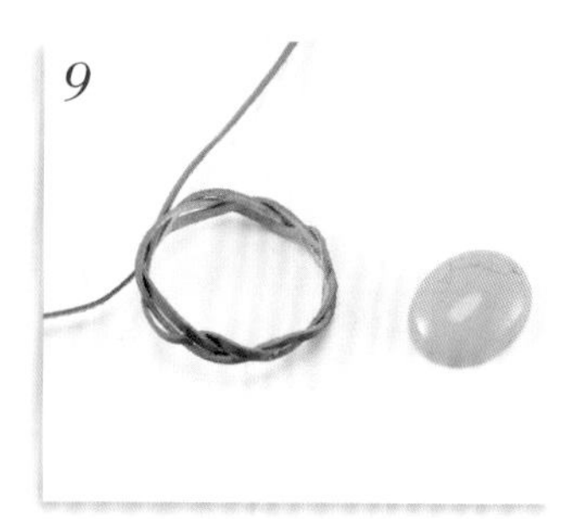
9

轻轻地从圆筒上取下来。

10
单结

将预留30cm的那侧绳头打一单结临时固定，向皮绳的另一侧推送，慢慢地一点一点地拉紧，整体就会变小。

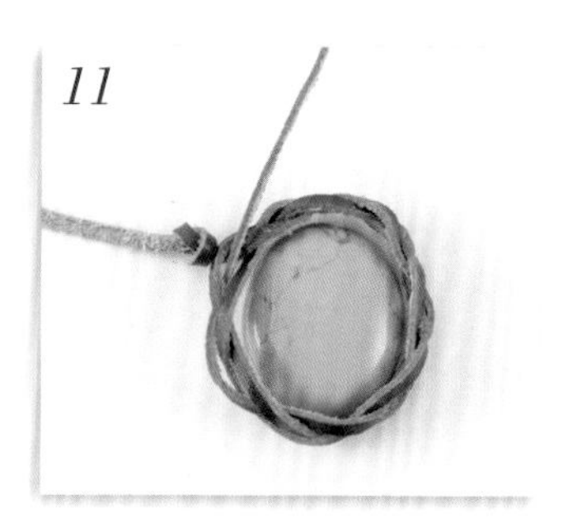
11

拉紧，一直到和绿松石一样大。

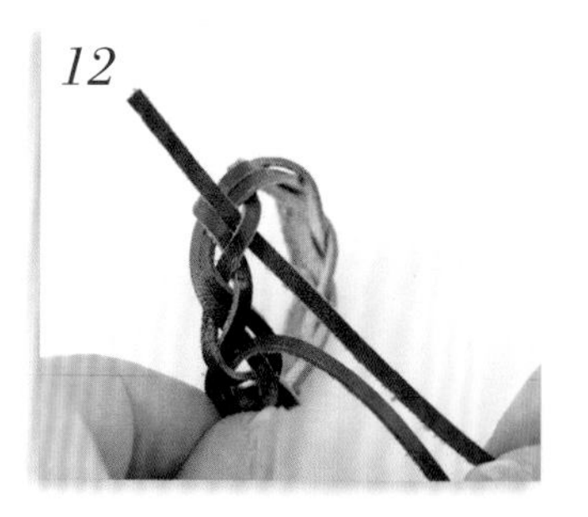
12

沿着步骤*1* ~ *8*穿过的皮绳再穿一圈。

13

第2圈穿完后拉紧，一直到绿松石拔不出来为止，解开临时固定的单结。

14

再拉紧一点，拉抻后面的皮绳整理形状，使背面的圆稍比外面的圆大。

15
[背面]

基本的竹篮结就完成了。

将绿松石包裹并固定，完成吊坠

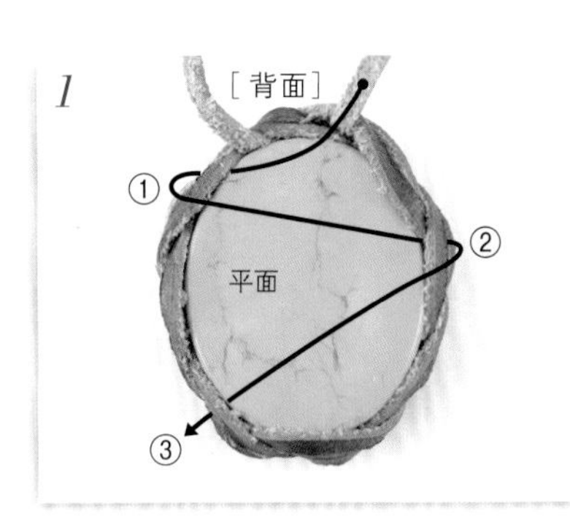
1
[背面]
①
②
平面
③

把绿松石的平面朝上放进皮绳圈里面，将右边的皮绳如箭头所示按顺序穿过。只穿1根线。

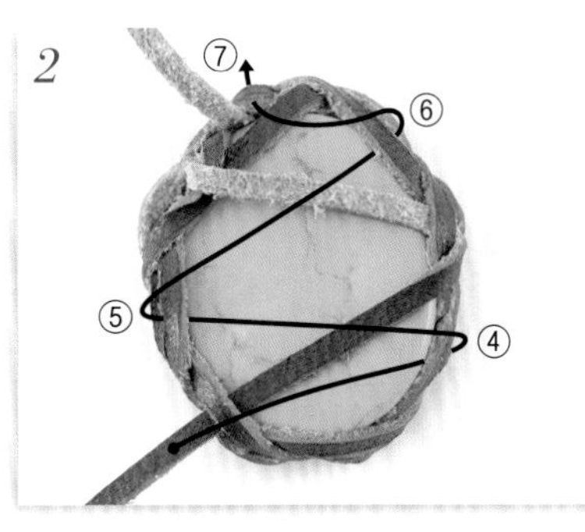
2
⑦
⑥
⑤
④

穿完③之后，继续如箭头所示以④～⑦的顺序穿过。

3

穿完后的样子。

4

正面绿松石遮盖住背面皮绳并被紧紧包裹住。

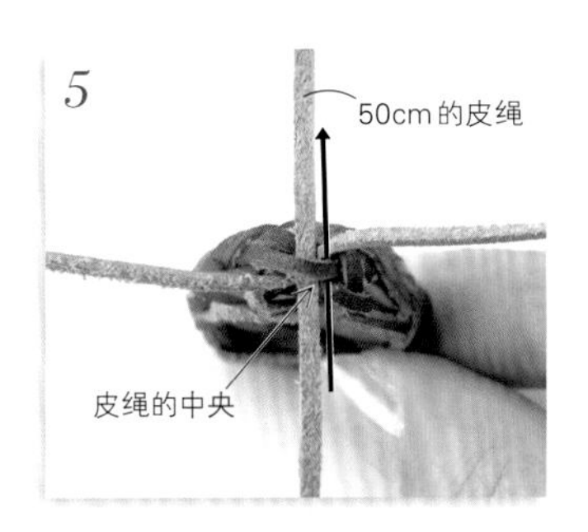
5
50cm 的皮绳
皮绳的中央

将50cm 的皮绳如图所示穿到中央位置。

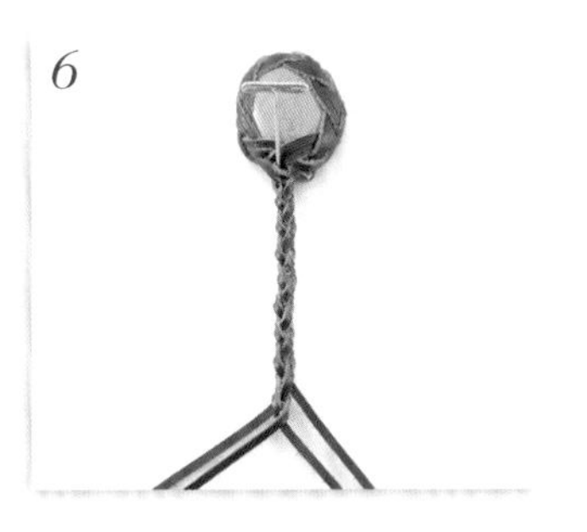
6

用大头针固定，编约4cm 长的盘编四股辫。

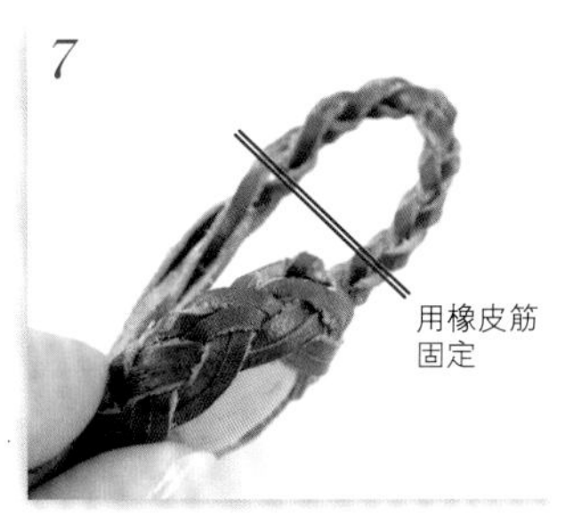
7
用橡皮筋
固定

将盘编四股辫折回，用橡皮筋固定。

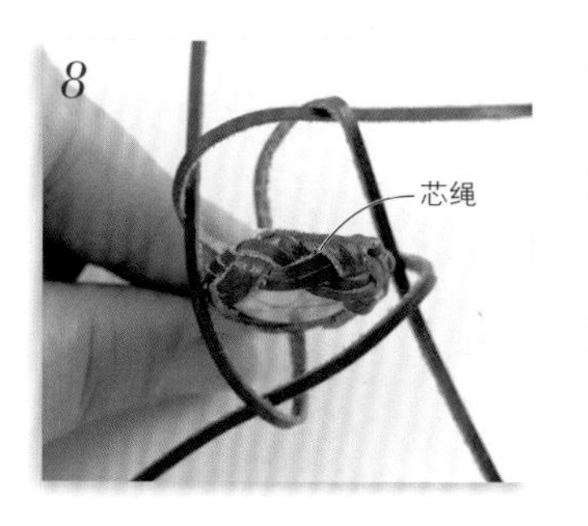
8
芯绳
将盘编四股辫的线圈向下，以包裹绿松石的部分为芯编一个包芯四线纽扣结。

9
编完包芯四线纽扣结之后的样子。一点一点拉紧皮绳让其靠近绿松石边缘。

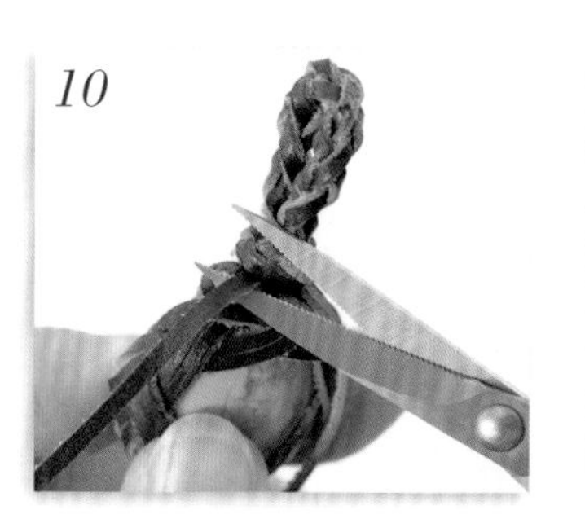
10
将绳头拉紧剪断，将绳结的内侧用黏合剂固定。

11
项部吊坠完成。

编织项链部分

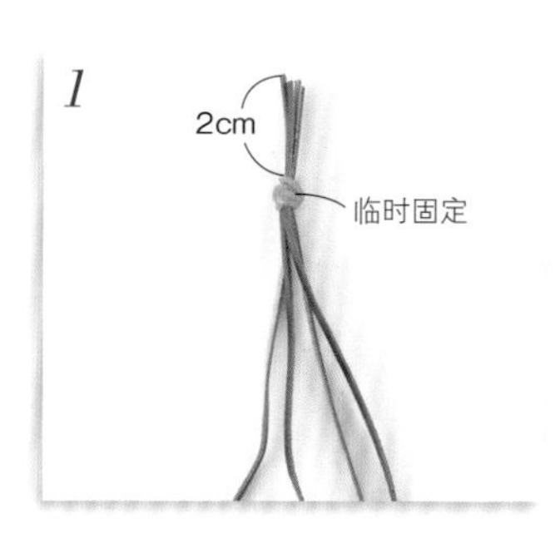
1
2cm
临时固定
将4根100厘米的绳子距上端2cm处用橡皮筋固定。

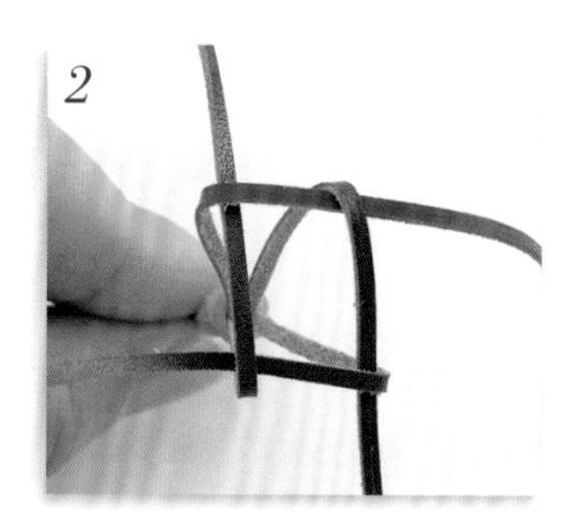
2
将用橡皮筋固定部分向下，编一个四线纽扣结。

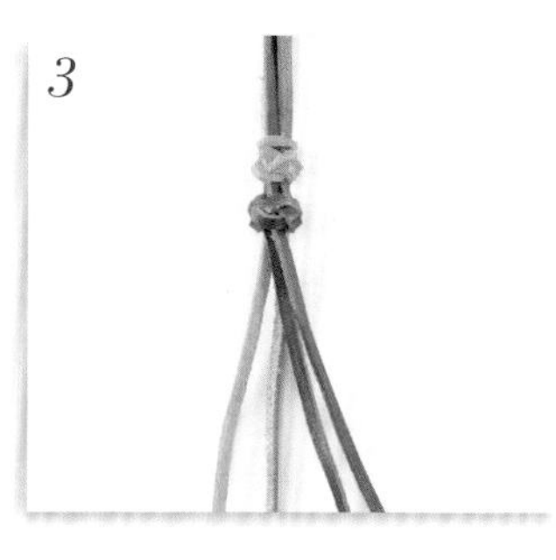
3
四线纽扣结完成的样子。穿过金属环，用4根绳编盘编四股辫约60cm。

4
穿过吊坠的线圈。

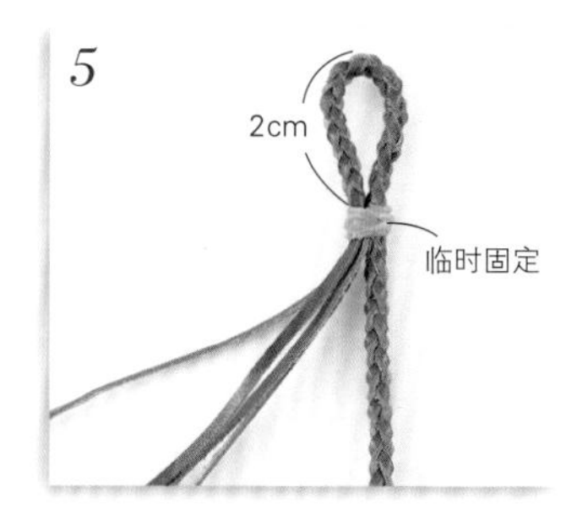
5
2cm
临时固定
将编完的绳子如图所示折弯，用橡皮筋固定。

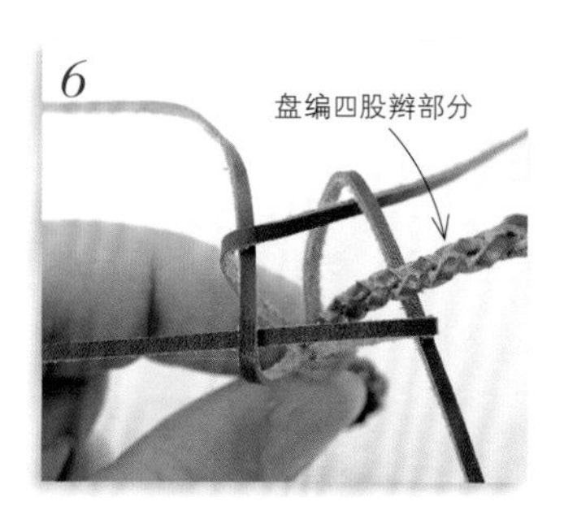
6
盘编四股辫部分
将用橡皮筋固定的部分向下，以盘编四股辫部分为芯，编一个包芯四线纽扣结。

7
将绳头剪断，将绳结的内侧用黏合剂固定。

拉紧四线纽扣结的技巧

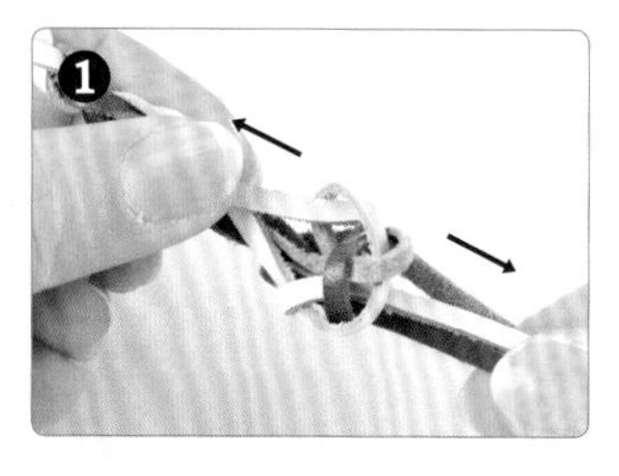

四线纽扣结的编绳完全穿过后的样子。上下稍微拉一下，不要让绳结有松动。

一根一根像抽丝一样一点一点均匀地向外拉，最后拉紧。

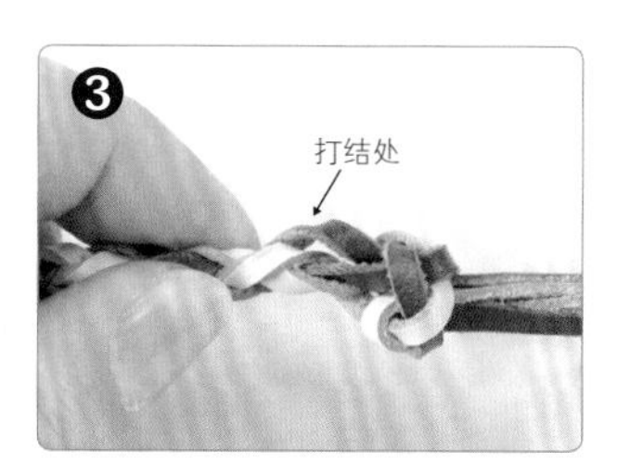
打结处

如果拉得差不多了，就朝着想打结的地方稍微调整一下位置，同时均匀地拉紧4条绳。

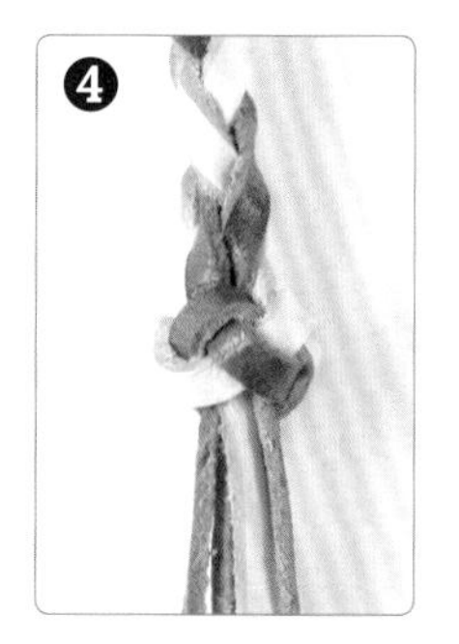

完成。

＊当有抹上黏合剂处理绳头的要求时……

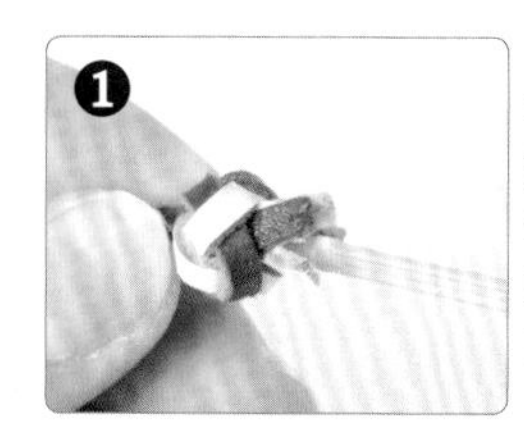

将多余的绳头剪掉，在竹签的尖端涂上黏合剂后，插入绳结的内部。

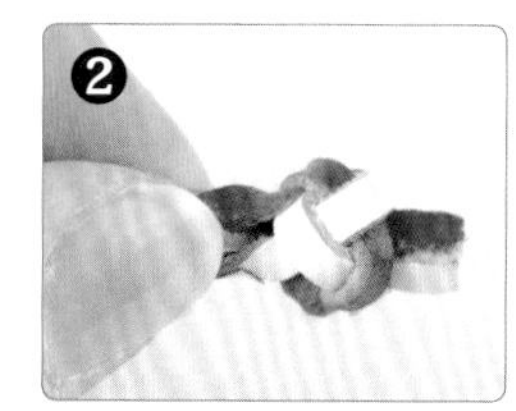

用手指按住后，抽出竹签，固定绳头。

编织整条手链的要点

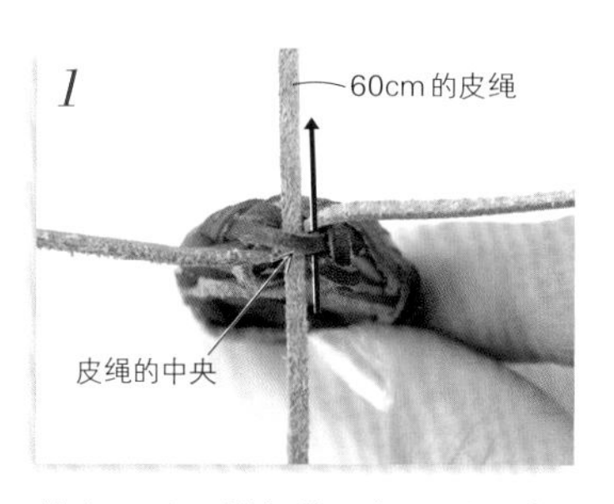
60cm 的皮绳
皮绳的中央

1 像包吊坠一样包住绿松石并固定，将60cm的皮绳穿至中央，编一个四线纽扣结之后继续编织盘编四股辫。

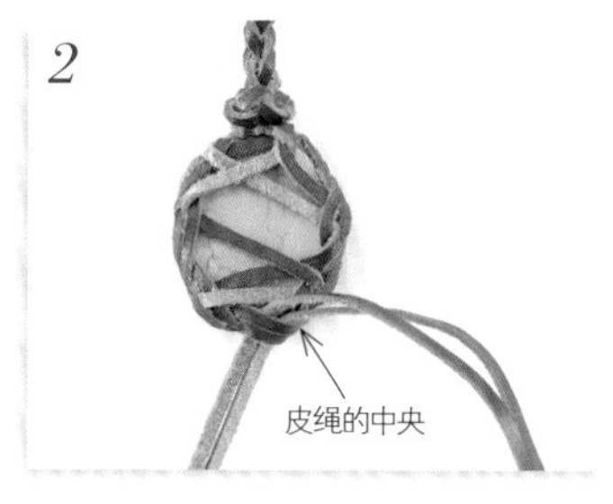
皮绳的中央

2 在另一侧，将2根50cm的皮绳如图所示穿至中央。

3 编一个四线纽扣结。

4 继续编织盘编四股辫。

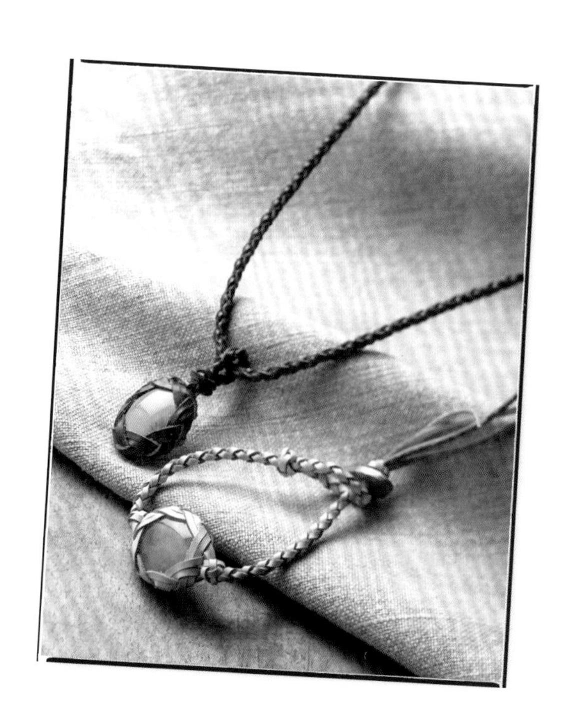

11 | 项圈 P.7

材料

染色植鞣皮绳〔3mm〕绿色（814）115cm 2根、10cm 1根，
灰色（818）115cm 1根
皮带扣〔古典金色〕（MA2364）1个

尺寸

长33cm（含皮带扣）

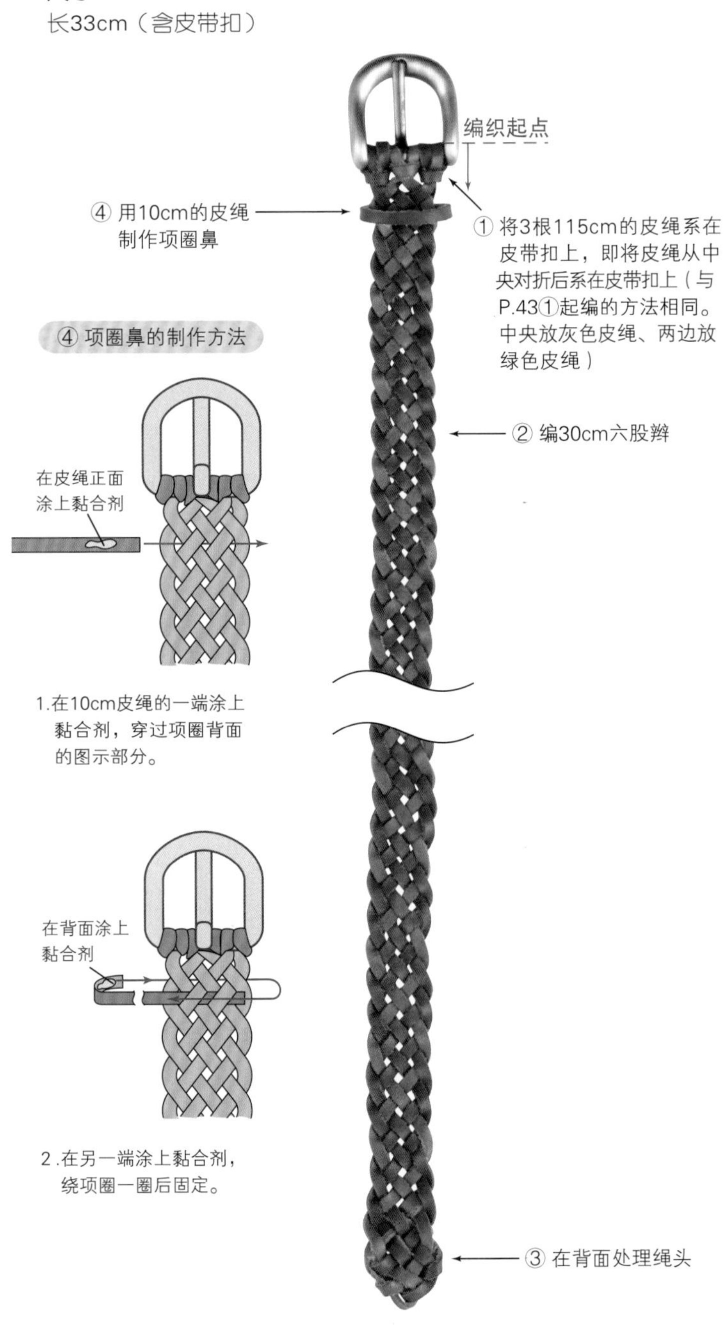

编织起点
④ 用10cm的皮绳制作项圈鼻
① 将3根115cm的皮绳系在皮带扣上，即将皮绳从中央对折后系在皮带扣上（与P.43①起编的方法相同。中央放灰色皮绳、两边放绿色皮绳）
④ 项圈鼻的制作方法
在皮绳正面涂上黏合剂
② 编30cm六股辫
1.在10cm皮绳的一端涂上黏合剂，穿过项圈背面的图示部分。
在背面涂上黏合剂
2.在另一端涂上黏合剂，绕项圈一圈后固定。
③ 在背面处理绳头

编完后的处理

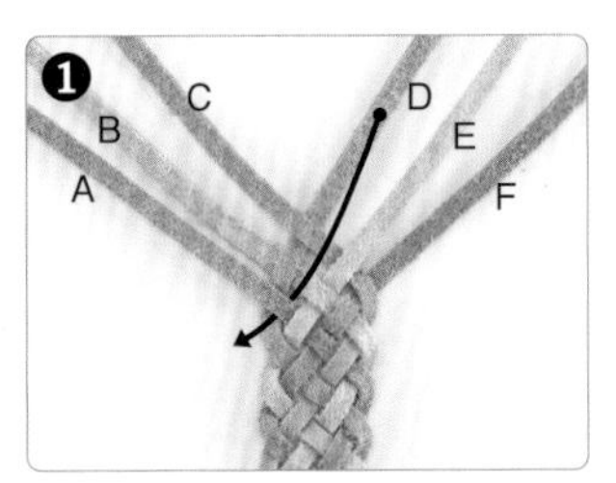

❶
A
B
C
D
E
F

将编完后的皮绳翻过来，将D绳如箭头所示穿过。

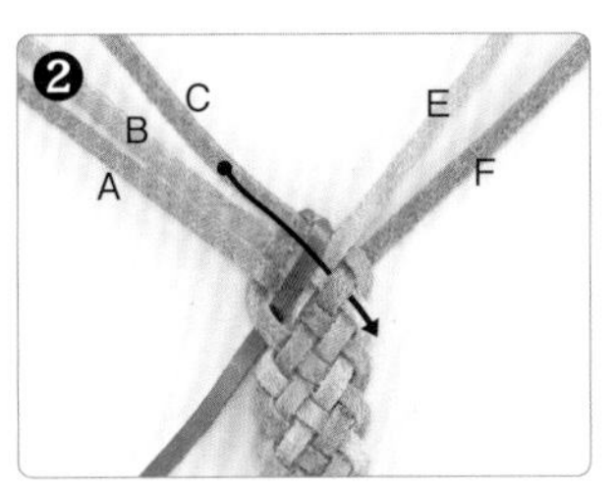

❷
A
B
C
E
F

将C绳如箭头所示穿过。

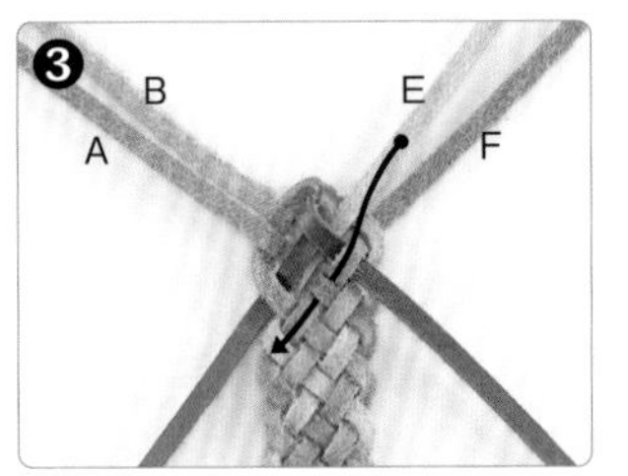

❸
A
B
E
F

将E绳如箭头所示穿过。

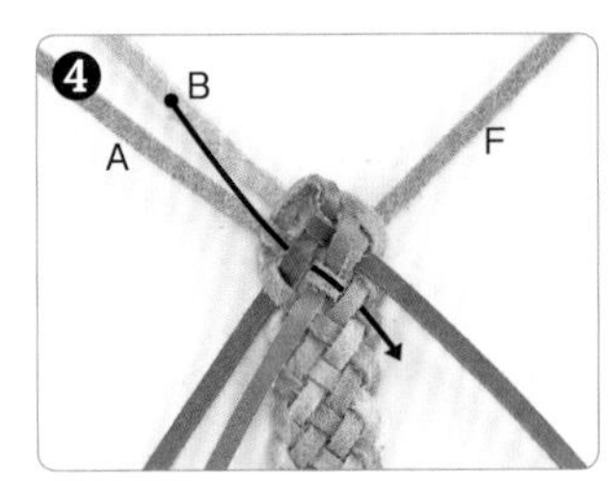

❹
A
B
F

将B绳如箭头所示穿过2处。

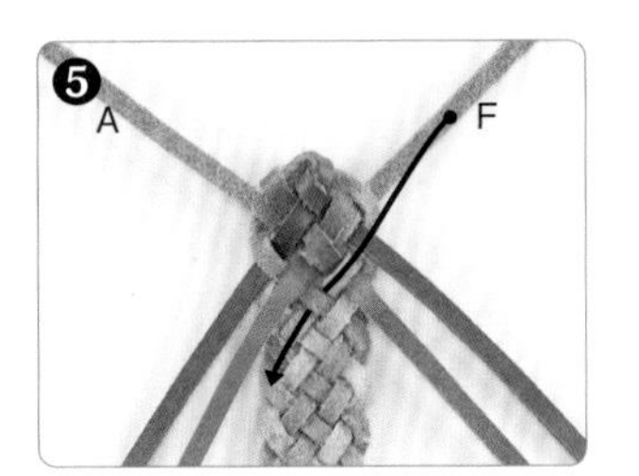

❺
A
F

将F绳如箭头所示穿过。

❻
A

将A绳如箭头所示穿过2处。

❼

所有皮绳穿完之后，整理形状并在重叠的皮绳内侧都涂上黏合剂固定，剪断绳头。

12 | 手链 P.7

材料

染色植鞣皮绳〔2mm〕绿色（814）80cm 2根、
灰色（818）80cm 1根
金属环（AC450）1个

尺寸

长21cm

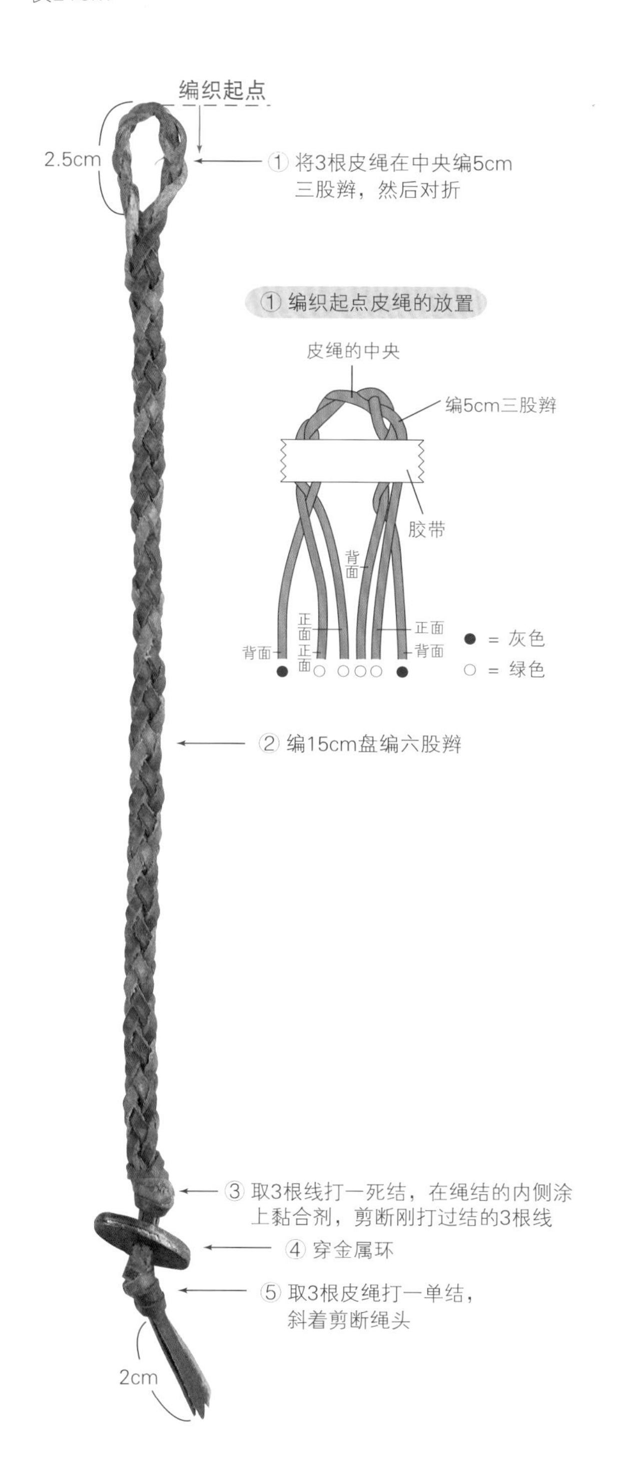
编织起点
2.5cm
① 将3根皮绳在中央编5cm
三股辫，然后对折
① 编织起点皮绳的放置
皮绳的中央
编5cm三股辫
胶带
背面
正面
背面
正面
正面
背面
● = 灰色
○ = 绿色
② 编15cm盘编六股辫
③ 取3根线打一死结，在绳结的内侧涂
上黏合剂，剪断刚打过结的3根线
④ 穿金属环
⑤ 取3根皮绳打一单结，
斜着剪断绳头
2cm

32 | 皮带 P.21

材料

本色植鞣皮绳〔3mm〕棕色（201）250cm 3根
皮带扣〔古典金色〕（MA2364）1个

尺寸

长93cm（含皮带扣）

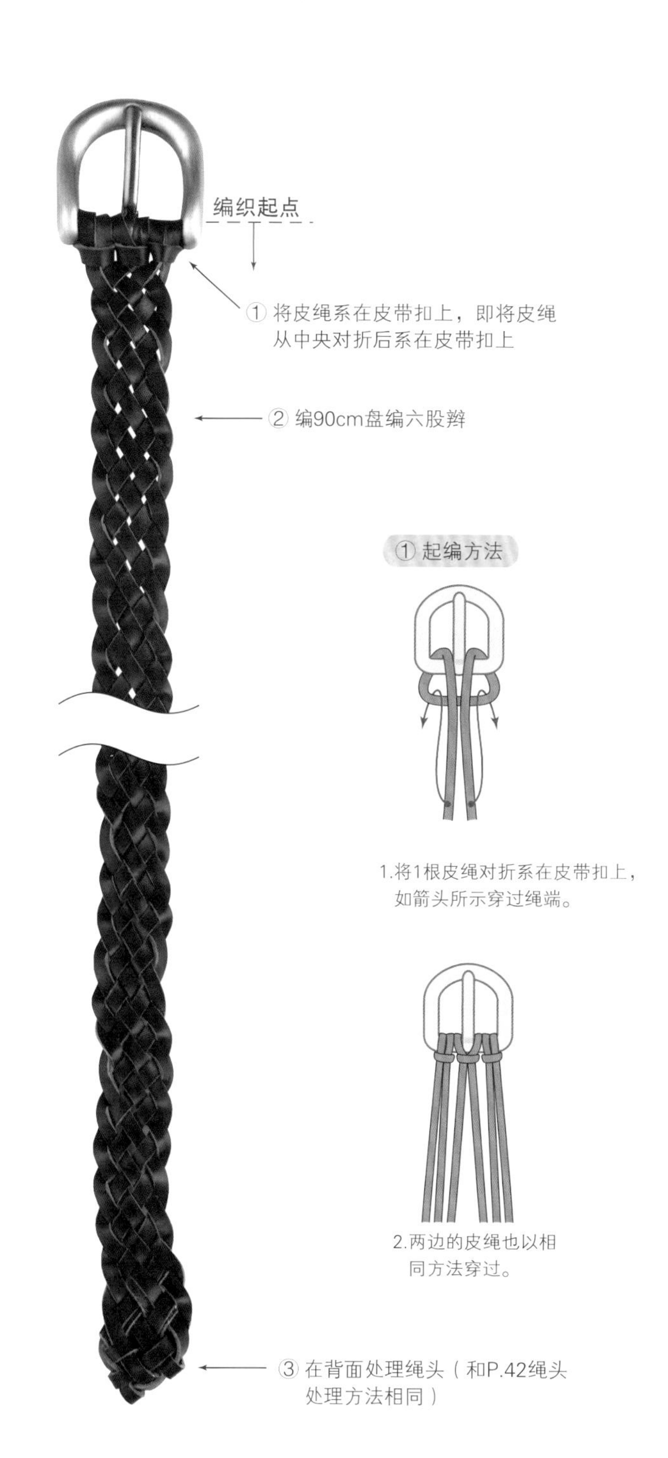
编织起点
① 将皮绳系在皮带扣上，即将皮绳
从中央对折后系在皮带扣上
② 编90cm盘编六股辫
① 起编方法
1.将1根皮绳对折系在皮带扣上，
如箭头所示穿过绳端。
2.两边的皮绳也以相
同方法穿过。
③ 在背面处理绳头（和P.42绳头
处理方法相同）

13 | 项链 P.8

材料

13a…磨面绒皮绳〔1mm〕黑色(509)
170cm 4根
绿松石(AC309)1颗
卡伦银(AC795)1颗
13b…磨面绒皮绳〔1mm〕原色(501)
170cm 4根
蔷薇石英(AC304)1颗
卡伦银(AC795)1颗

尺寸

从绳头到吊坠共长50cm

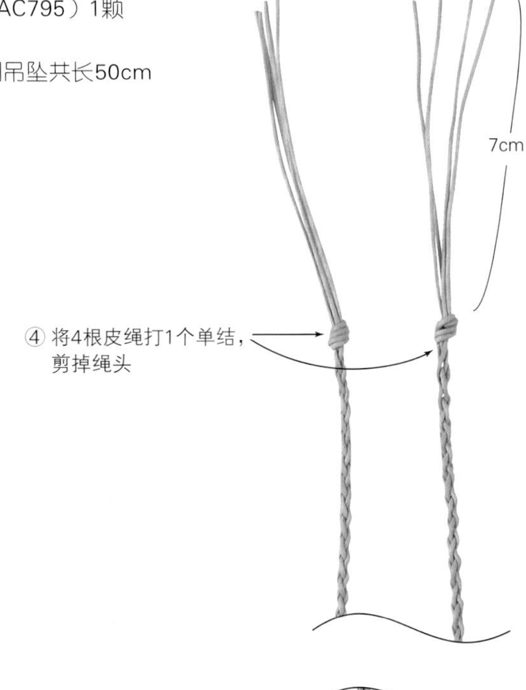
7cm
④ 将4根皮绳打1个单结，
剪掉绳头

③ 将皮绳4根一组分开，
并各编42cm盘编四股辫
编织起点
② 将卡伦银从
8根皮绳穿过
① 做一个包裹宝石的网，
放入蔷薇石英

包石网的制作方法

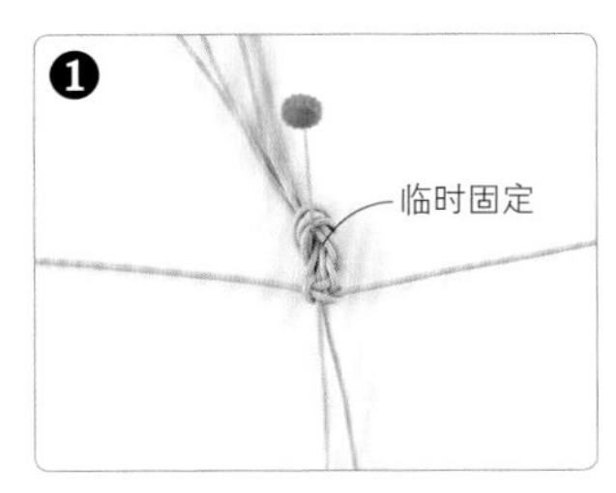
临时固定

❶ 将4根皮绳在中央处轻轻打 1 个单结（临时固定），将2根作为芯绳编 1 个平结。

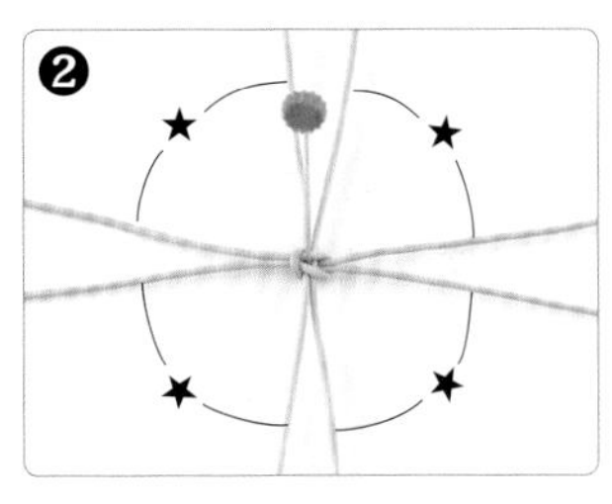

❷ 解开单结，如图所示摆放皮绳。将★所指 2 根皮绳放在一起，在离平结0.5cm处编 1 个单结。

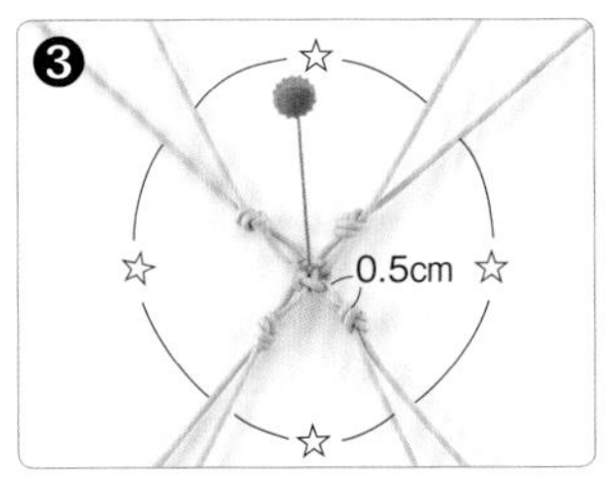
0.5cm

❸ 变换皮绳的组合方式，将☆所指2根皮绳放在一起，编1个单结。

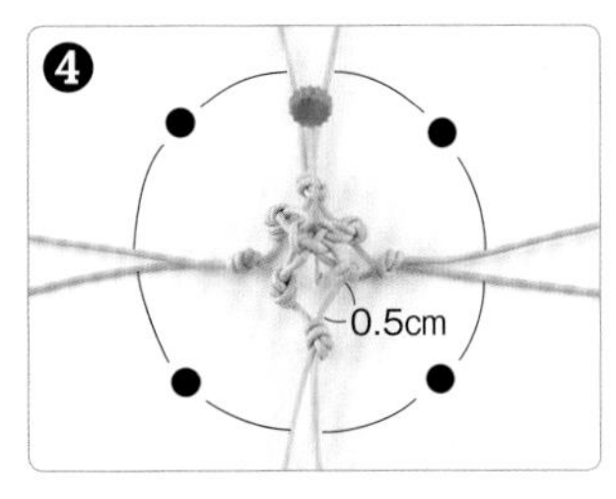
0.5cm

❹ 同样更换皮绳的组合方式，将●所指2根皮绳放在一起，编1个单结。

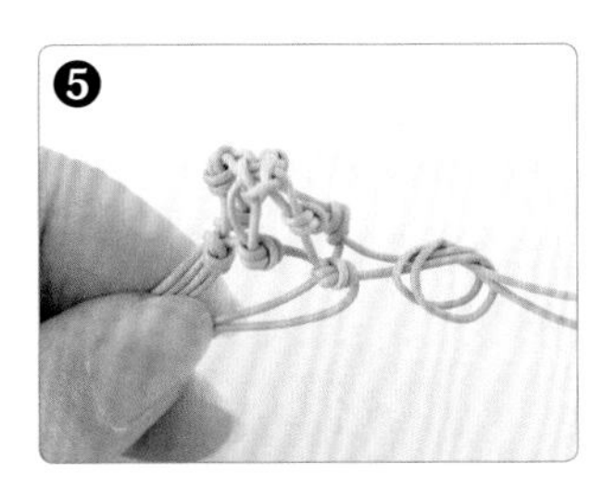

❺ 因为已经成为立体形状，所以去掉固定的东西继续编织。

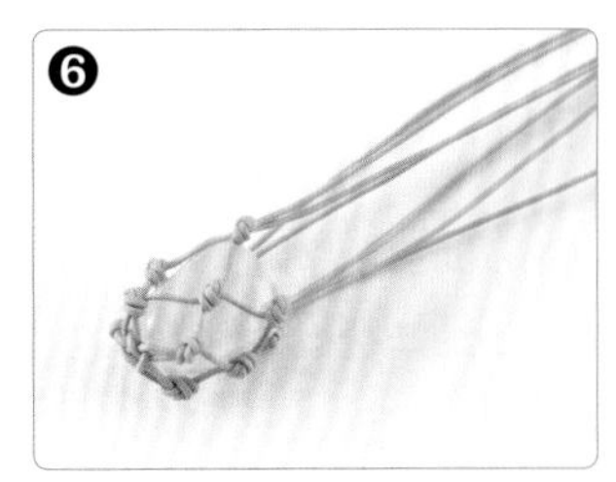

❻ 编完之后放入蔷薇石英。

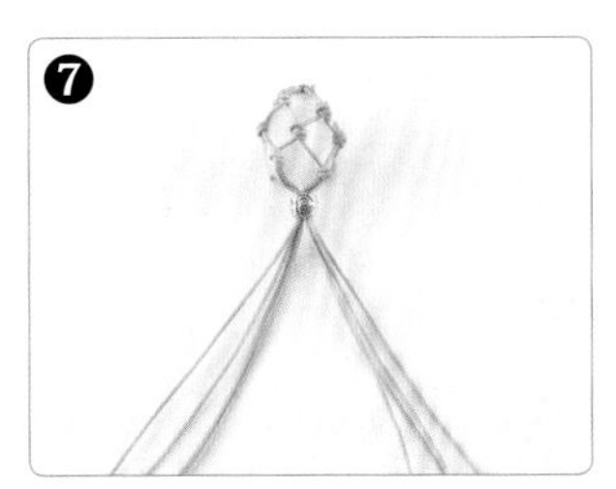

❼ 将卡伦银穿过所有皮绳。4根1组分开，各自继续编织盘编四股辫。

15、16 | 钥匙圈 P.10

材料
15a…仿古皮绳〔2.5mm〕原色（501）150cm 1根
钥匙环（S1014）1个
15b…仿古皮绳〔2.5mm〕棕褐色（504）150cm 1根
钥匙环（S1020）1个
尺寸
绳结的直径约3cm

材料
16a…磨面绒皮绳〔1mm〕原色（501）120cm 1根
小钢圈（S1048）1个
16b…磨面绒皮绳〔1mm〕黑色（509）120cm 1根
小钢圈（S1048）1个
尺寸
钢圈竖长4.5cm

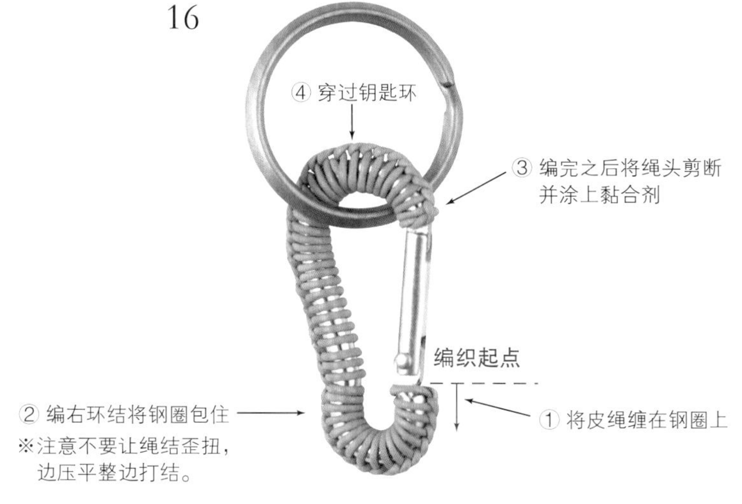
16
④ 穿过钥匙环
③ 编完之后将绳头剪断
并涂上黏合剂
编织起点
② 编右环结将钢圈包住
※注意不要让绳结歪扭，
边压平整边打结。
① 将皮绳缠在钢圈上

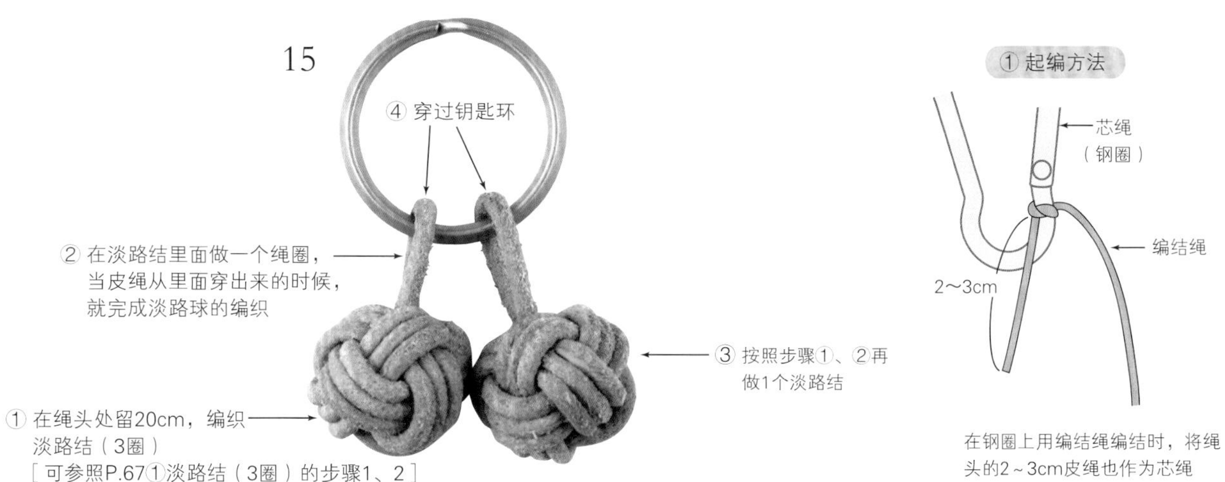
15
④ 穿过钥匙环
② 在淡路结里面做一个绳圈，
当皮绳从里面穿出来的时候，
就完成淡路球的编织
③ 按照步骤①、②再
做1个淡路结
① 在绳头处留20cm，编织
淡路结（3圈）
［可参照P.67①淡路结（3圈）的步骤1、2］
① 起编方法
芯绳
（钢圈）
编结绳
2~3cm

在钢圈上用编结绳编结时，将绳头的2～3cm皮绳也作为芯绳

※用1根长皮绳先做第1个淡路结，拉紧后剪掉再做第2个淡路结。

淡路球的完成

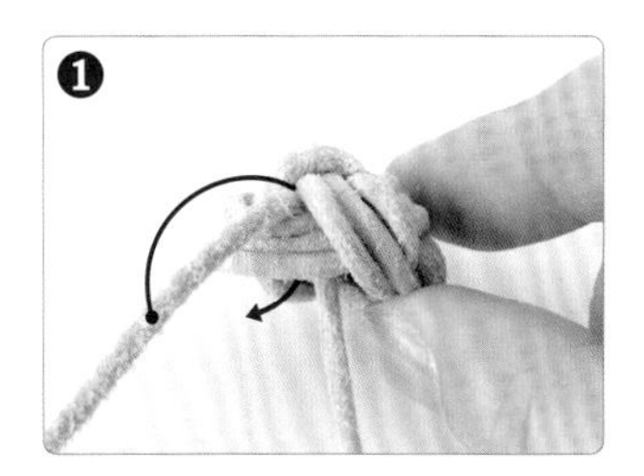
❶

编淡路结3圈后，将起编的那根皮绳如箭头所示从里面穿过。

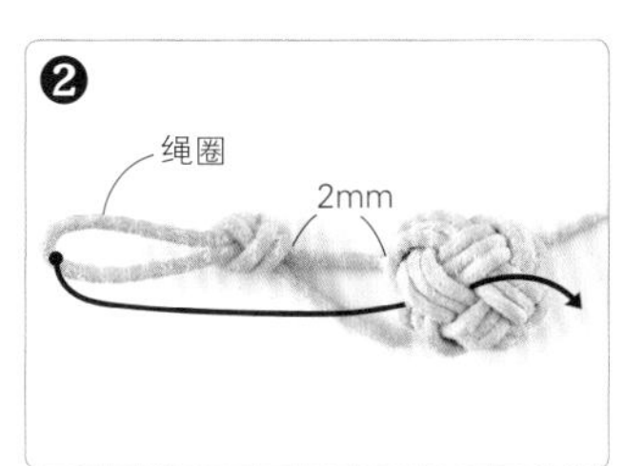
❷
绳圈
2mm

用步骤❶刚才从里面穿过的皮绳，在距离绳结2cm的地方做一绳圈并编1个单结，将绳圈如图所示从里面穿出来。

❸
将绳头放入
里面

将单结作为芯，一边拉紧一边将绳结整理成球形，拉好之后，将绳头剪断。

34 | 纽扣 P.23

材料

染色植鞣皮绳〔3mm〕原色（811）、棕色（812）、黑色（813）、绿色（814）、红色（815）、白色（816）、橘色（817）、灰色（818）、蓝色（819）

同色时30cm 2根 两色时30cm 各色1根

尺寸

直径1.3cm

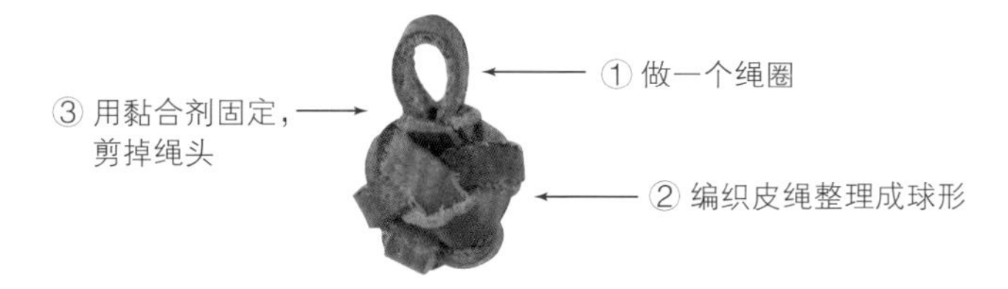
① 做一个绳圈
③ 用黏合剂固定，剪掉绳头
② 编织皮绳整理成球形

纽扣的编织方法

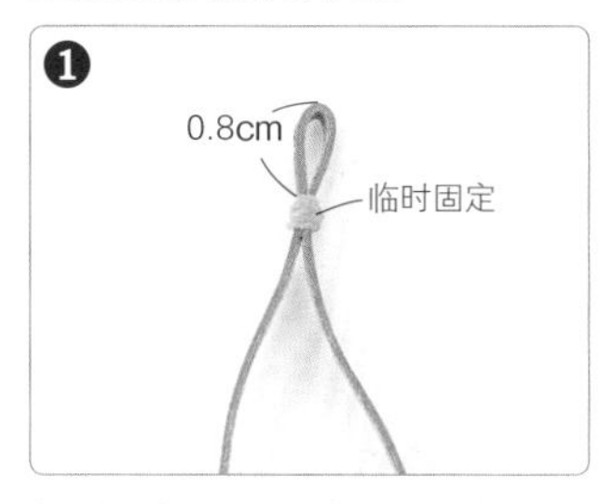
0.8cm
临时固定

❶ 将1根皮绳正面朝外从中央折叠，在离绳头约0.8cm处用橡皮筋临时固定。

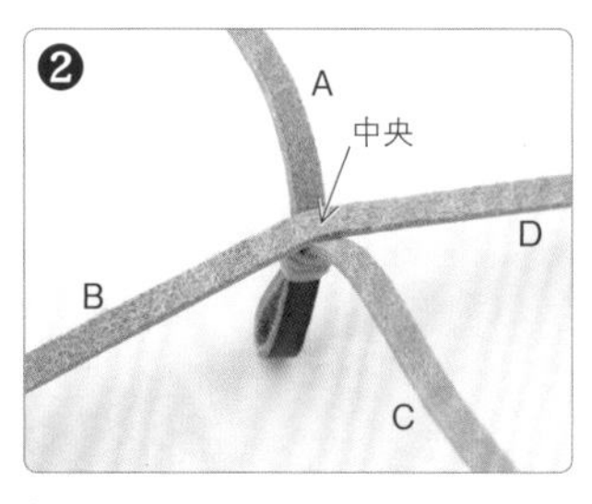
A
中央
B
D
C

❷ 将步骤❶所做以背面朝上放置，将另一根皮绳的中央处重叠成"十"字。

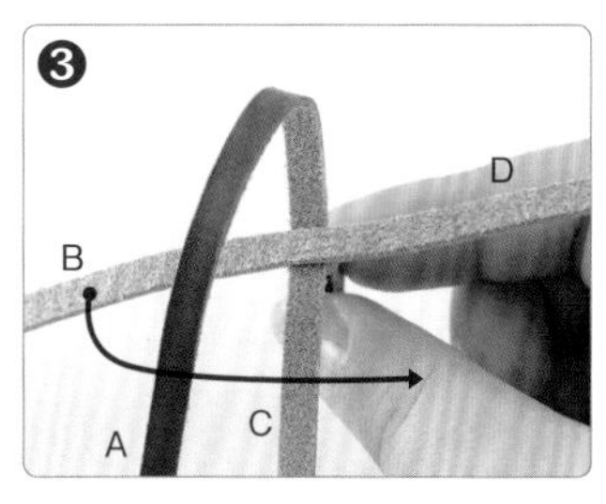
D
B
A
C

❸ 将A绳叠在B绳上，将B绳叠在A、C绳上。

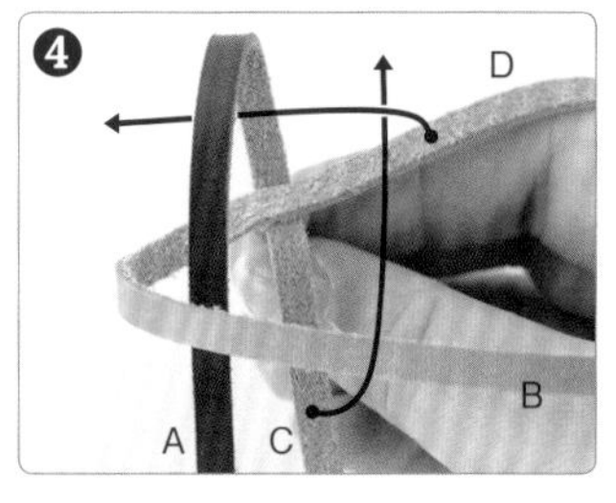
D
A
C
B

❹ 将C绳叠在B、D绳上，最后的D绳再叠在A绳之后穿过形成的线圈里。

❺ 穿过之后的样子。拉紧皮绳。

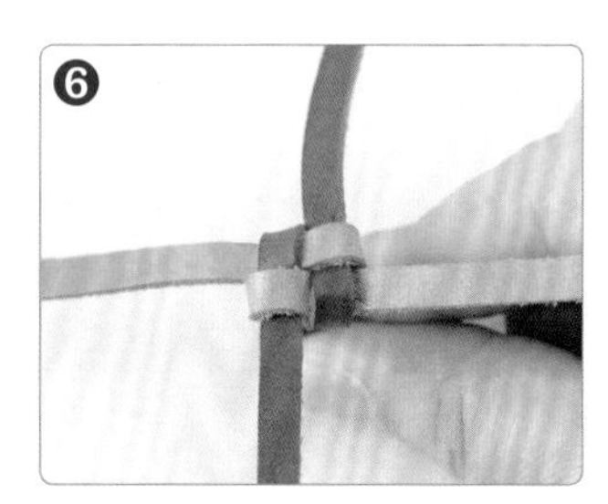

❻ 拉紧后的样子。

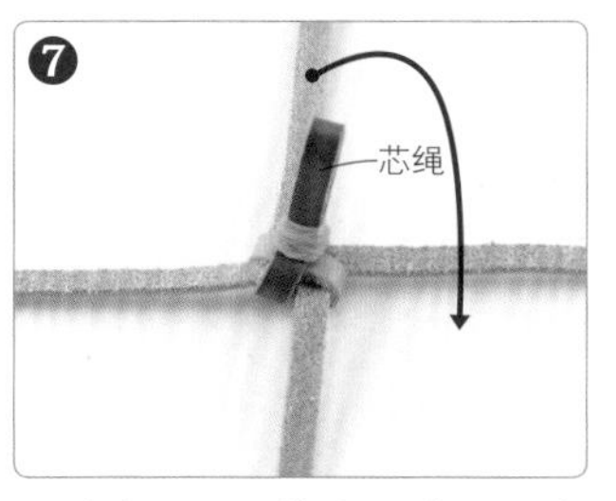
芯绳

❼ 翻过来，以用橡皮筋临时固定部分为芯绳，编一个包芯四线纽扣结。

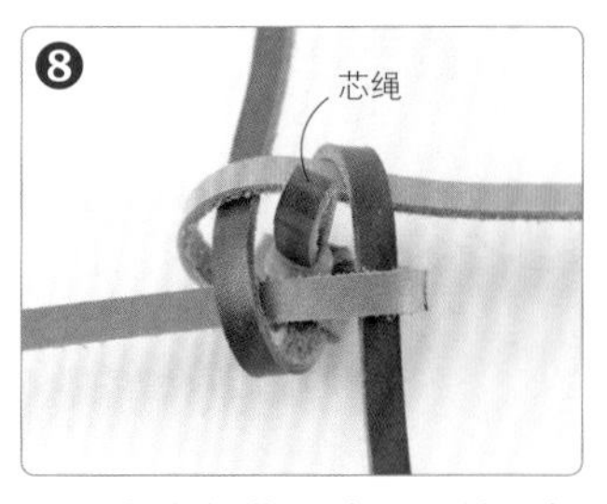
芯绳

❽ 图示为编包芯四线纽扣结，将剩下的0.8cm的线圈部分作为芯绳。

❾ 编完的样子。这时取下临时固定的橡皮筋。

❿ 均匀拉紧、整理形状。

⓫ 用竹签抹上黏合剂向绳结里面压进去粘住绳头。

⓬ 剪掉绳头，完成。

03 | 项链 P.5

材料

磨面绒皮绳〔1mm〕黑色（509）180cm 1根、40cm 2根

高品质金属串珠〔3mm〕银色（AC1428）50颗、〔4mm〕银色（AC1430）1颗

尺寸

圆周最长27cm

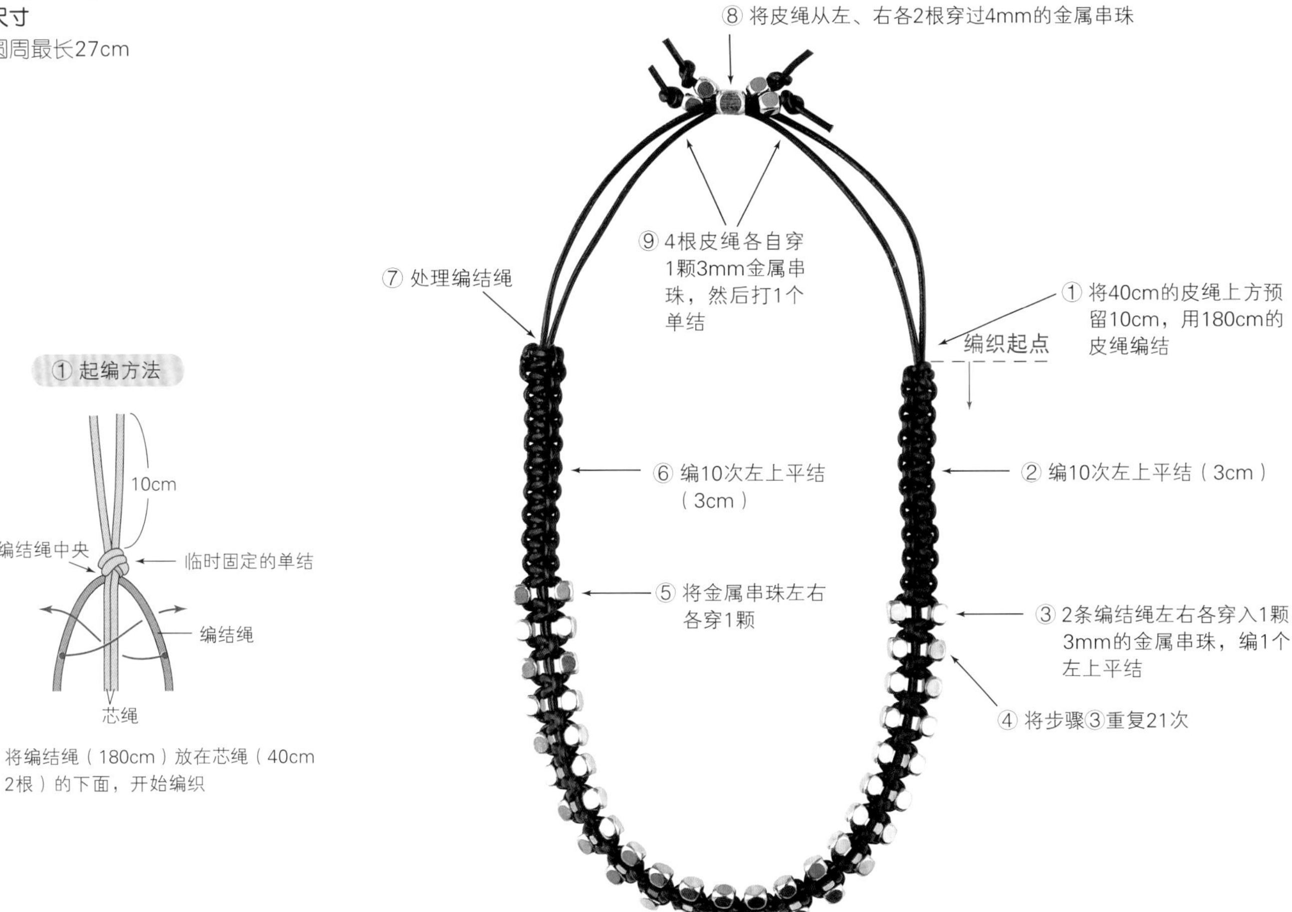

⑧ 将皮绳从左、右各2根穿过4mm的金属串珠
⑨ 4根皮绳各自穿1颗3mm金属串珠，然后打1个单结
⑦ 处理编结绳
① 将40cm的皮绳上方预留10cm，用180cm的皮绳编结
编织起点
⑥ 编10次左上平结（3cm）
② 编10次左上平结（3cm）
⑤ 将金属串珠左右各穿1颗
③ 2条编结绳左右各穿入1颗3mm的金属串珠，编1个左上平结
④ 将步骤③重复21次
① 起编方法
10cm
编结绳中央
临时固定的单结
编结绳
芯绳

将编结绳（180cm）放在芯绳（40cm 2根）的下面，开始编织

③ 串珠穿法

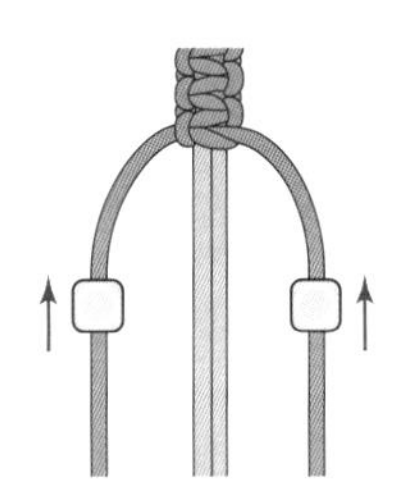

1. 给编结绳各穿入1颗3mm的金属串珠。

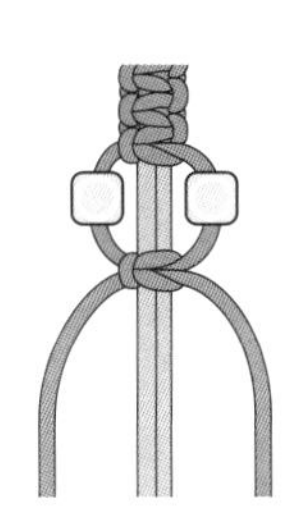

2.编1个左上平结。

⑦ 编结绳的处理

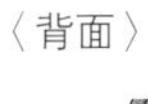

〈背面〉

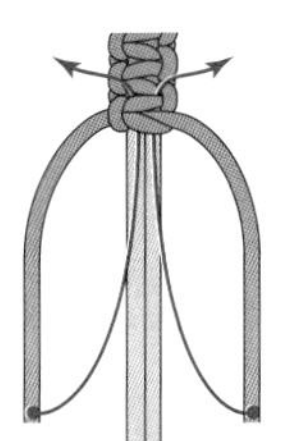

1. 将编结绳绳头如图所示从背面第1个平结穿过。这时缝隙稍微松一点较容易通过。

2. 拉住绳头，拉紧刚才较松的缝隙，剪掉绳头用黏合剂固定。

04、05 | 手链 P.5

04

材料

磨面绒皮绳〔1.5mm〕焦糖色（503）180cm 1根、60cm 1根
黄铜串珠（AC1140）6颗 古典金色金属环（AC438）1个

尺寸

长21cm

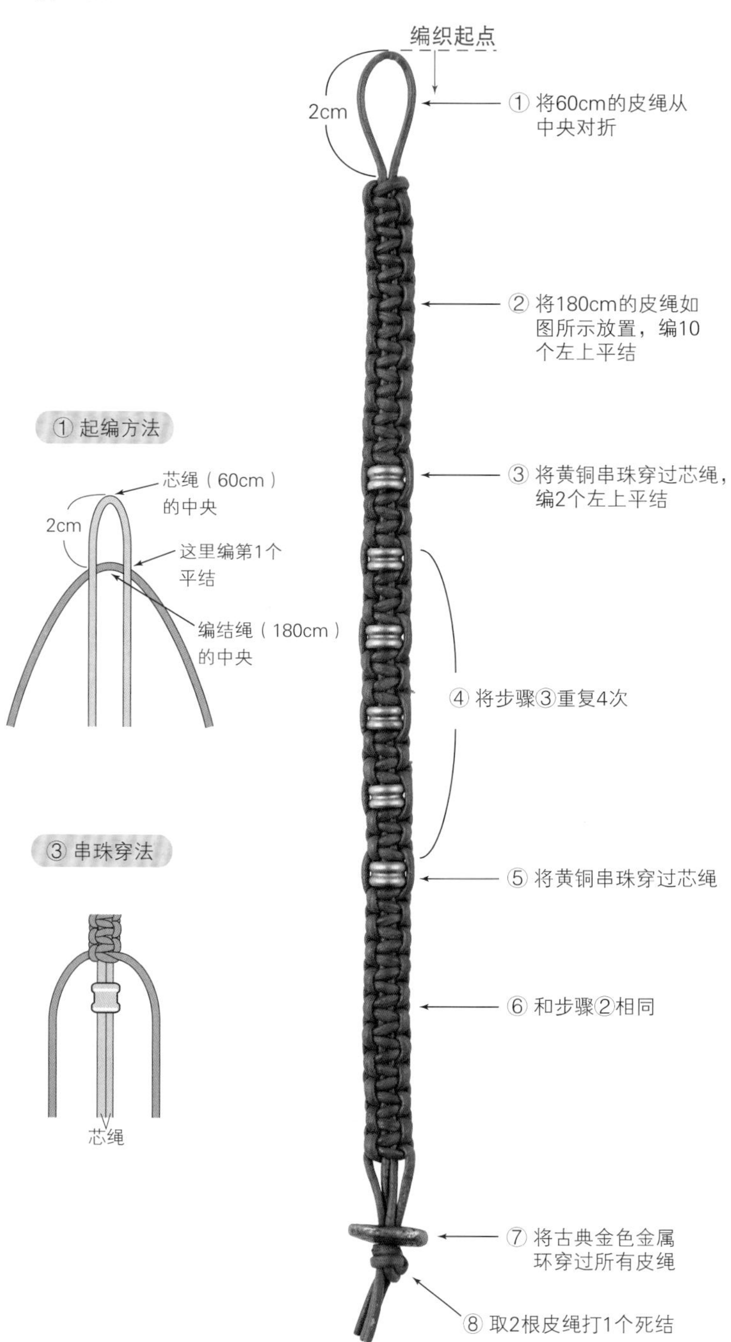

编织起点
2cm
① 将60cm的皮绳从中央对折
② 将180cm的皮绳如图所示放置，编10个左上平结
③ 将黄铜串珠穿过芯绳，编2个左上平结
④ 将步骤③重复4次
⑤ 将黄铜串珠穿过芯绳
⑥ 和步骤②相同
⑦ 将古典金色金属环穿过所有皮绳
⑧ 取2根皮绳打1个死结
① 起编方法
芯绳（60cm）的中央
2cm
这里编第1个平结
编结绳（180cm）的中央
③ 串珠穿法
芯绳

05

材料

磨面绒皮绳〔2.0mm〕黄绿色（511）180cm 1根、70cm 1根
金属扣〔古典银色〕(AC315）1个

尺寸

长21.5cm

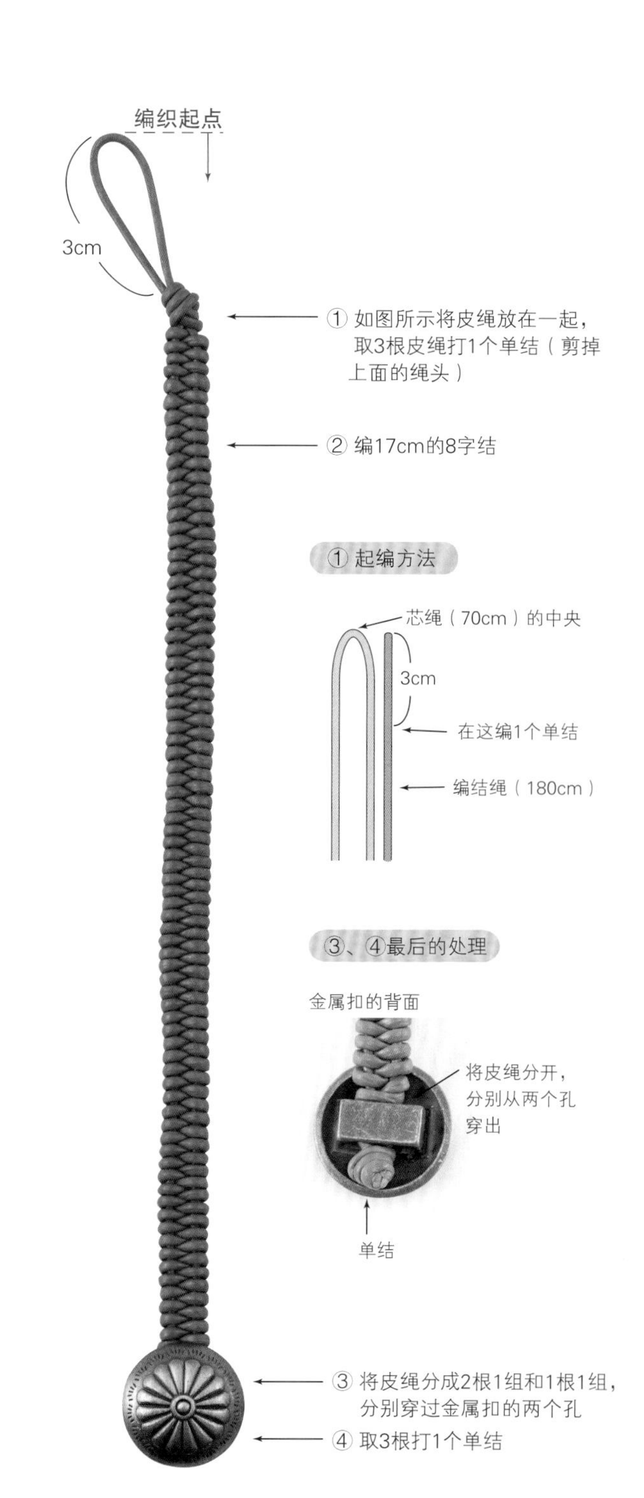

编织起点
3cm
① 如图所示将皮绳放在一起，取3根皮绳打1个单结（剪掉上面的绳头）
② 编17cm的8字结
① 起编方法
芯绳（70cm）的中央
3cm
在这编1个单结
编结绳（180cm）
③、④最后的处理
金属扣的背面
将皮绳分开，分别从两个孔穿出
单结
③ 将皮绳分成2根1组和1根1组，分别穿过金属扣的两个孔
④ 取3根打1个单结

06、07 | 手链 P.5

06

材料

磨面绒皮绳〔2mm〕棕褐色（504）20cm 2根
仿古革皮绳〔2mm〕棕褐色（504）40cm 2根
铸合金配件（AC1301）1个、（AC1304）1个
龙虾扣（12mm×7mm×2mm 市售）1个
圆环（直径7mm，市售）3个

尺寸

长18.5cm（不含金属配件）

07

材料

磨面绒皮绳〔1mm〕糖色（503）150cm 1根
黄铜串珠（AC1131）25颗
金属环（AC450）1个

尺寸

长20cm

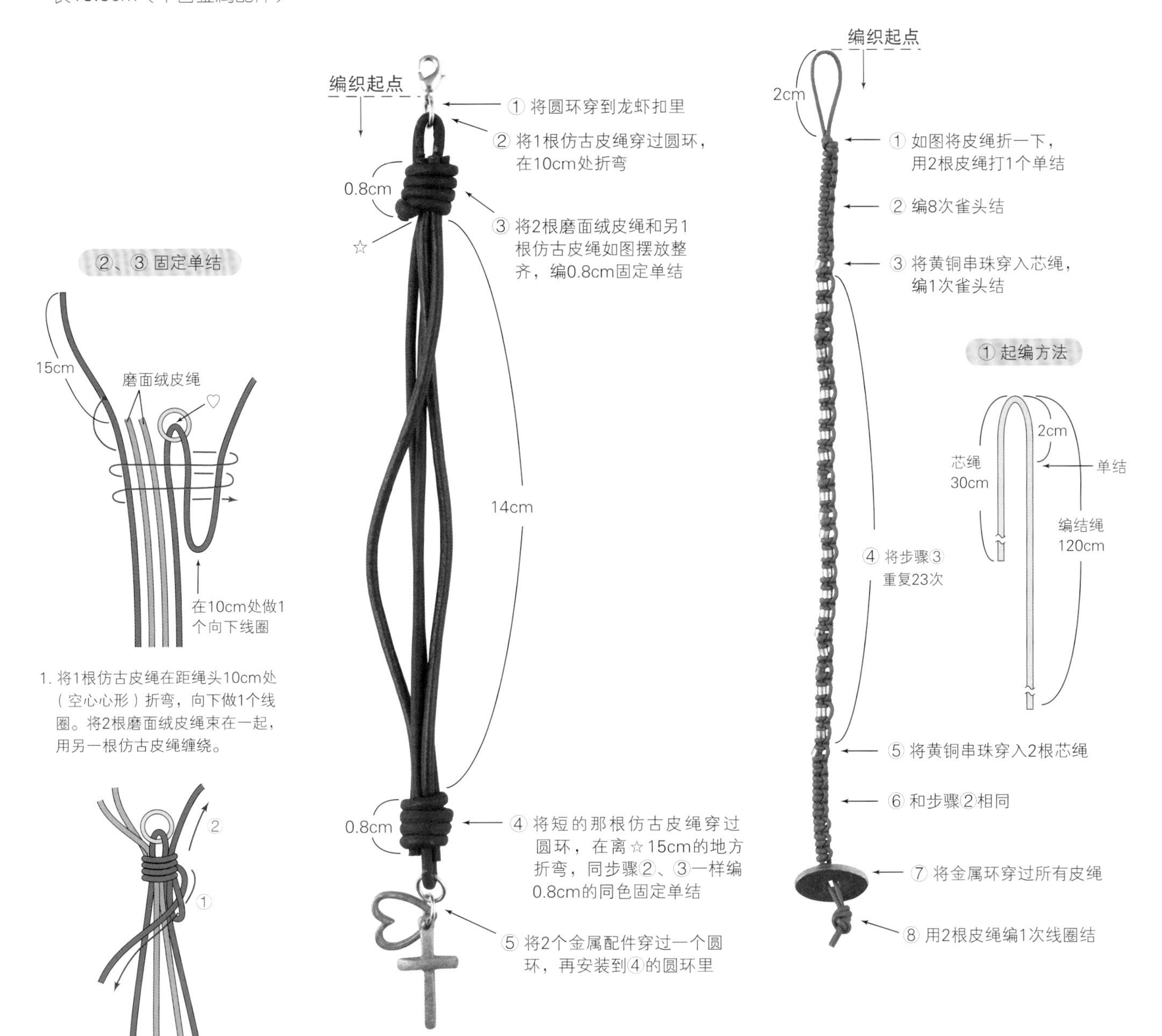

编织起点
① 将圆环穿到龙虾扣里
② 将1根仿古皮绳穿过圆环，在10cm处折弯
0.8cm
☆
③ 将2根磨面绒皮绳和另1根仿古皮绳如图摆放整齐，编0.8cm固定单结
14cm
0.8cm
④ 将短的那根仿古皮绳穿过圆环，在离☆15cm的地方折弯，同步骤②、③一样编0.8cm的同色固定单结
⑤ 将2个金属配件穿过一个圆环，再安装到④的圆环里
②、③ 固定单结
15cm
磨面绒皮绳
♡
在10cm处做1个向下线圈
1. 将1根仿古皮绳在距绳头10cm处（空心心形）折弯，向下做1个线圈。将2根磨面绒皮绳束在一起，用另一根仿古皮绳缠绕。
②
①
2. 绕好的皮绳穿过下面的线圈（①）、拉上面的皮绳（②）。将上面的皮绳和穿过线圈的皮绳都剪掉。
编织起点
2cm
① 如图将皮绳折一下，用2根皮绳打1个单结
② 编8次雀头结
③ 将黄铜串珠穿入芯绳，编1次雀头结
④ 将步骤③重复23次
① 起编方法
2cm
芯绳 30cm
单结
编结绳 120cm
⑤ 将黄铜串珠穿入2根芯绳
⑥ 和步骤②相同
⑦ 将金属环穿过所有皮绳
⑧ 用2根皮绳编1次线圈结

08、09、10 | 手链 P.6

08a、09a、10c

材料

染色植鞣皮绳〔2mm〕原色（811）80cm 3根

骨珠（AC1231）1个

08b、09b、10b

材料

染色植鞣皮绳〔2mm〕白色（816）80cm 1根、橘色（817）80cm 1根、蓝色（819）80cm 1根

骨珠（AC1231）1个

※ 09的制作方法可参照P.52。

08c、10a

材料

染色植鞣皮绳〔2mm〕棕色（812）80cm 1根、绿色（814）80cm 2根

骨珠（AC1231）1个

尺寸

长22 ~ 23cm（08、09、10通用）

08

编织起点

2.5cm

① 在皮绳的中央编5cm三股辫并对折

② 用1根皮绳打1个死结

③ 编17cm六股辫

④ 将骨珠穿过所有皮绳

⑤ 取3根（08b…各色1根，08c…绿色2根、棕色1根）皮绳打1个死结

8b ③ 起编时皮绳的放置

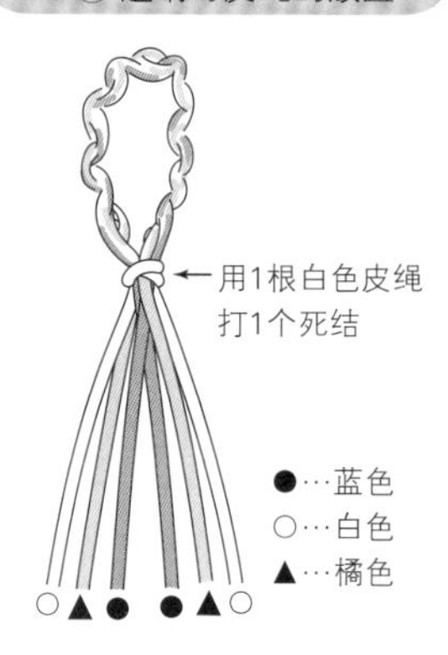

用1根白色皮绳
打1个死结
●…蓝色
○…白色
▲…橘色
○▲●●▲○

8c ③ 起编时皮绳的放置

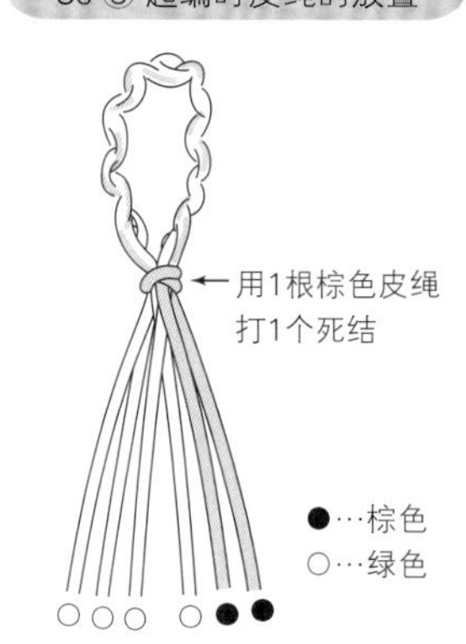

用1根棕色皮绳
打1个死结
●…棕色
○…绿色
○○○○●●

③ 六股辫

C A B D E F

1.将C放在A、B的上面，F放在E、D的上面，B的下面，A、C的上面。

F C A B D E

2. 将E放在D、B的上面，C、F的上面。

E F C A B D

3. 和步骤2相同，将右边的皮绳如图所示放置。

10c

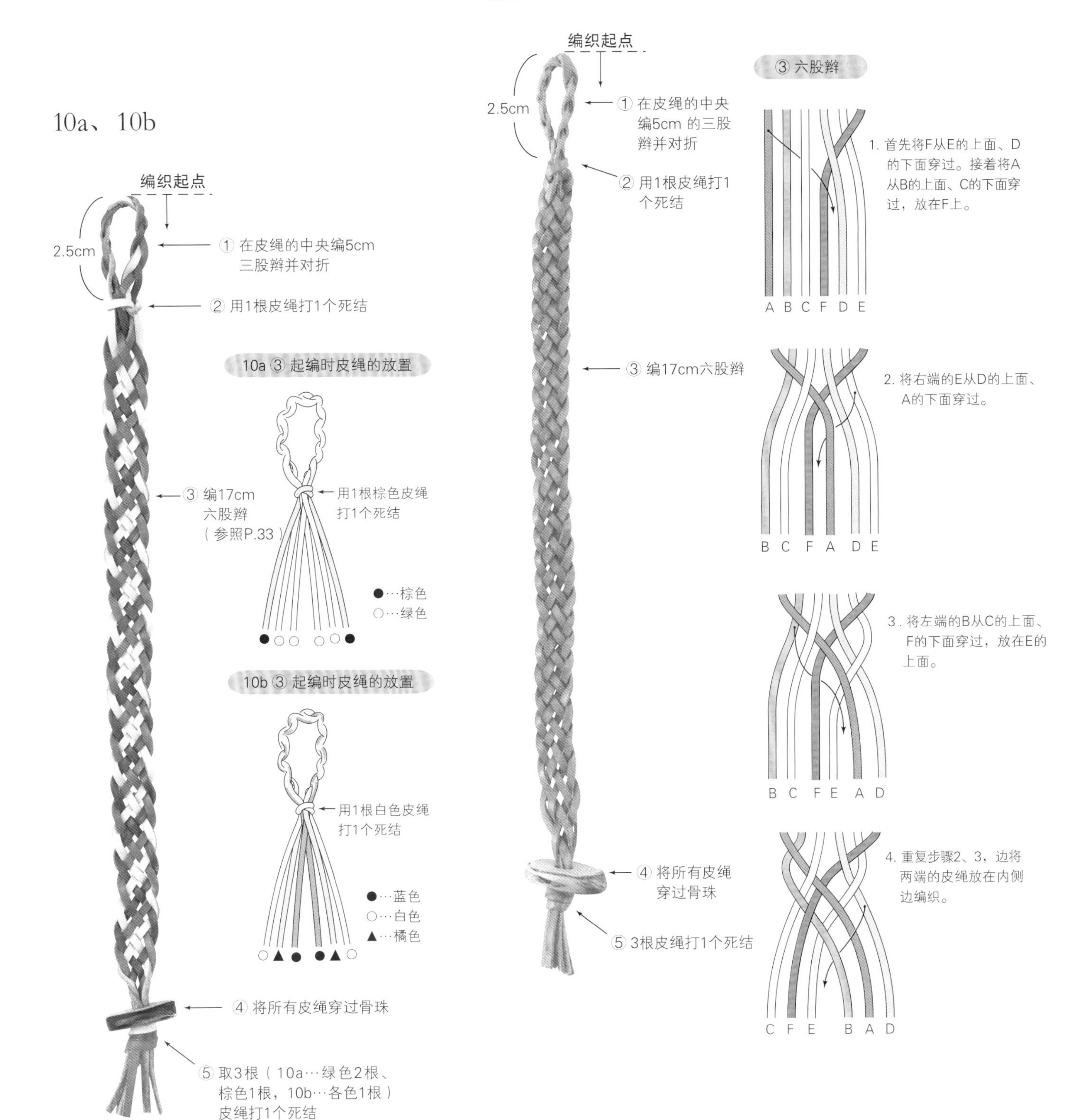

10a、10b
编织起点
2.5cm
① 在皮绳的中央编5cm
三股辫并对折
② 用1根皮绳打1个死结
10a ③ 起编时皮绳的放置
用1根棕色皮绳
打1个死结
●…棕色
○…绿色
③ 编17cm
六股辫
（参照P.33）
10b ③ 起编时皮绳的放置
用1根白色皮绳
打1个死结
●…蓝色
○…白色
▲…橘色
④ 将所有皮绳穿过骨珠
⑤ 取3根（10a…绿色2根、
棕色1根，10b…各色1根）
皮绳打1个死结
编织起点
2.5cm
① 在皮绳的中央
编5cm 的三股
辫并对折
② 用1根皮绳打1
个死结
③ 编17cm六股辫
④ 将所有皮绳
穿过骨珠
⑤ 3根皮绳打1个死结
③ 六股辫
1. 首先将F从E的上面、D
的下面穿过。接着将A
从B的上面、C的下面穿
过，放在F上。
A B C F D E
2. 将右端的E从D的上面、
A的下面穿过。
B C F A D E
3. 将左端的B从C的上面、
F的下面穿过，放在E的
上面。
B C F E A D
4. 重复步骤2、3，边将
两端的皮绳放在内侧
边编织。
C F E B A D

09

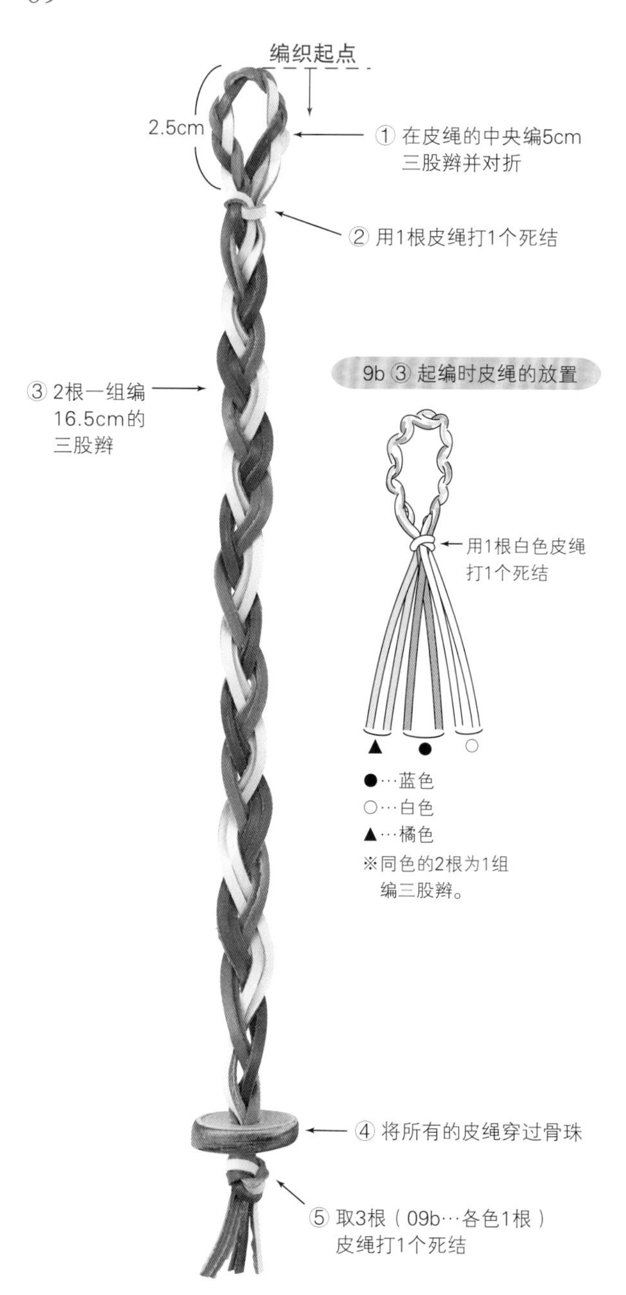
编织起点
2.5cm
① 在皮绳的中央编5cm
三股辫并对折
② 用1根皮绳打1个死结
③ 2根一组编
16.5cm的
三股辫
9b ③ 起编时皮绳的放置
用1根白色皮绳
打1个死结
●…蓝色
○…白色
▲…橘色
※同色的2根为1组
编三股辫。
④ 将所有的皮绳穿过骨珠
⑤ 取3根（09b…各色1根）
皮绳打1个死结

22 | 包包饰品 P.13

材料

上油植鞣皮绳〔3mm〕棕色（504）80cm 3根

包包挂饰（G1042）1个

尺寸

长13cm（不含金属配件）

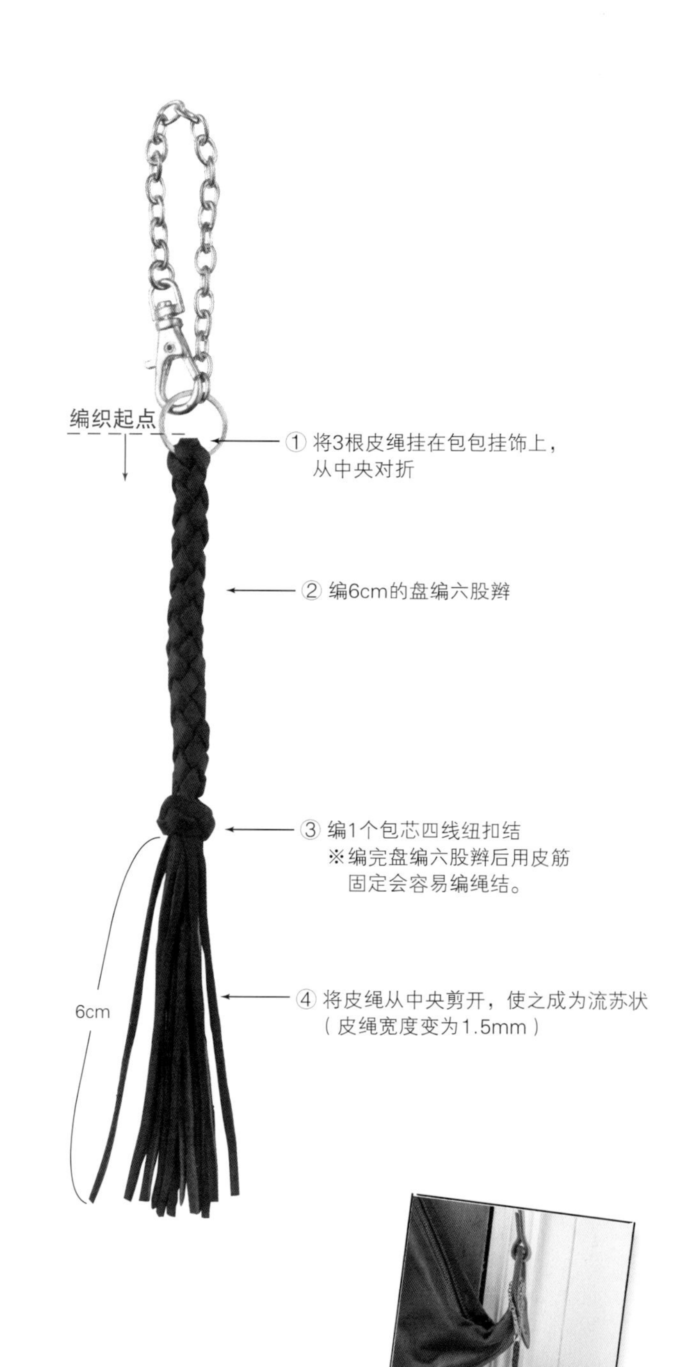
编织起点
① 将3根皮绳挂在包包挂饰上，
从中央对折
② 编6cm的盘编六股辫
③ 编1个包芯四线纽扣结
※编完盘编六股辫后用皮筋
固定会容易编绳结。
6cm
④ 将皮绳从中央剪开，使之成为流苏状
（皮绳宽度变为1.5mm）

24 两用项链 P.15

材料

磨面绒皮绳〔1mm〕原色（501）190cm 2根
马克拉姆线 驼色（1455）30cm 1根
高品质金属串珠〔2mm〕银色（AC1426）60 ~ 80颗
※白镴（AC469）1个 护身符配件 和平标志（AC1244）1个
C形环（1.4mm × 6mm × 7mm 银色 市售）1个
※根据编织时手的力度不同，高品质金属串珠使用的颗数也不同。

尺寸

长62cm

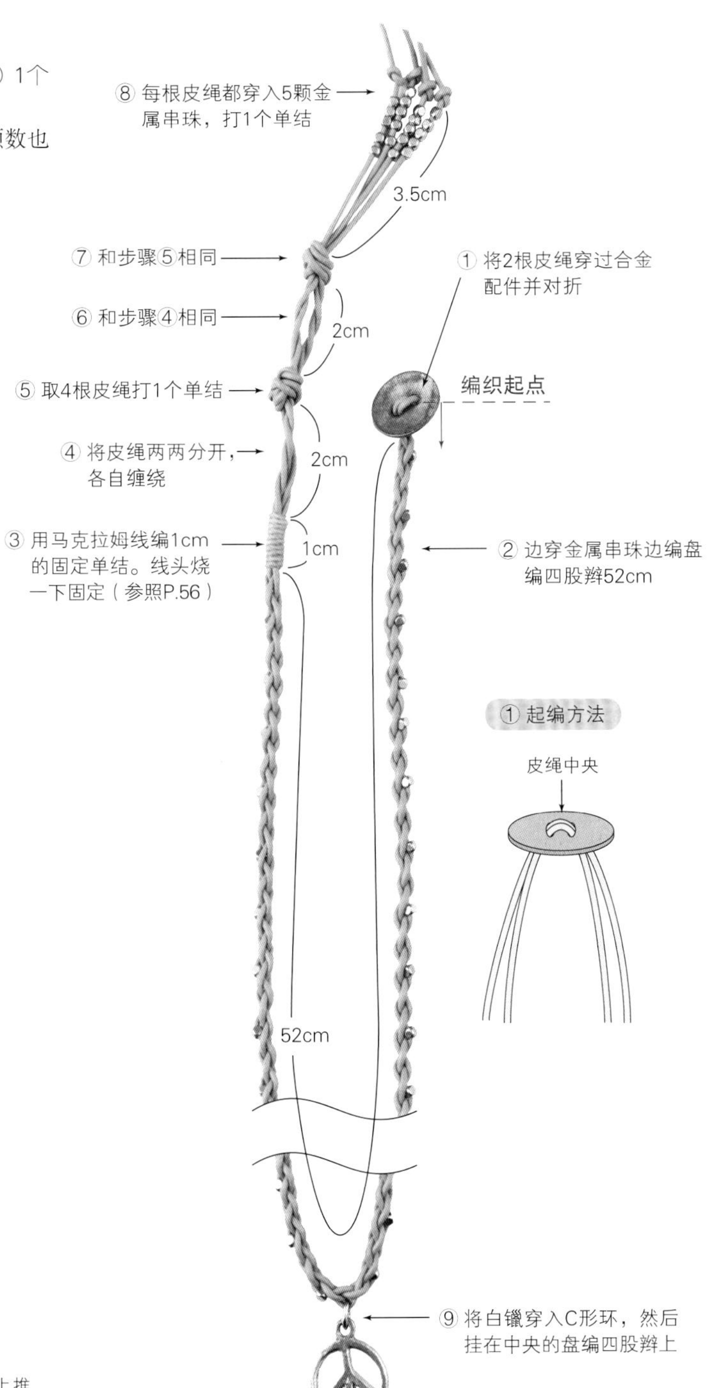

⑧ 每根皮绳都穿入5颗金属串珠，打1个单结
3.5cm
⑦ 和步骤⑤相同
① 将2根皮绳穿过合金配件并对折
⑥ 和步骤④相同
2cm
⑤ 取4根皮绳打1个单结
编织起点
④ 将皮绳两两分开，各自缠绕
2cm
③ 用马克拉姆线编1cm的固定单结。线头烧一下固定（参照P.56）
1cm
② 边穿金属串珠边编盘编四股辫52cm
① 起编方法
皮绳中央
52cm
⑨ 将白镴穿入C形环，然后挂在中央的盘编四股辫上

② 盘编四股辫（穿珠时）

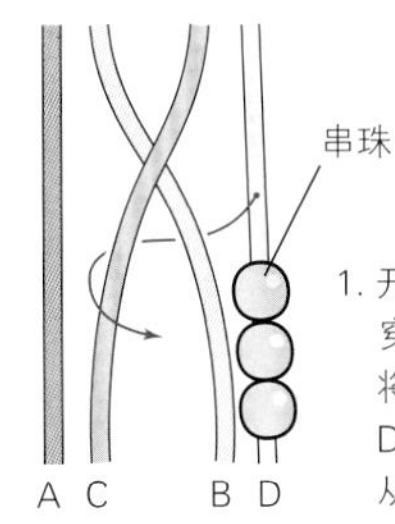

串珠
A C B D

1. 开始先给右端的D绳穿上需要的串珠数，将C叠在B上交叉。将D从B、C的下面穿过，从上面放入C和D之间。

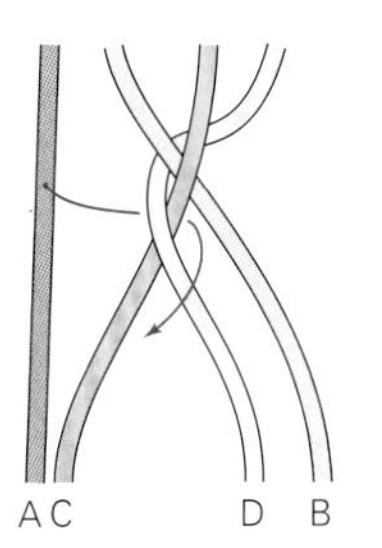

A C D B

2. 将A从C、D的下面穿过，从上面放入D和C之间。

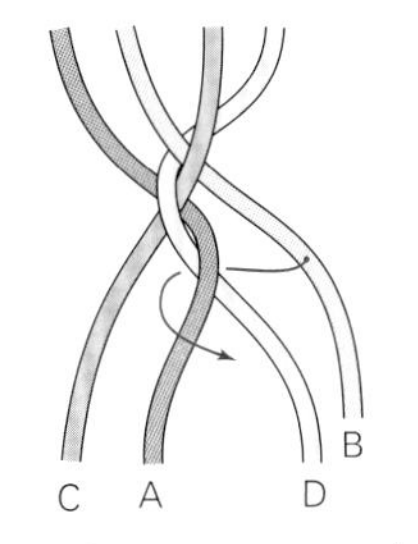

C A D B

3. 将B从D、A的下面穿过，从上面放入A和D之间。

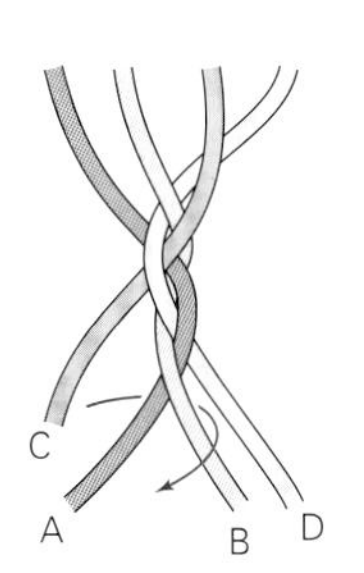

C A B D

4. 同样让两边的皮绳交替缠绕编织。

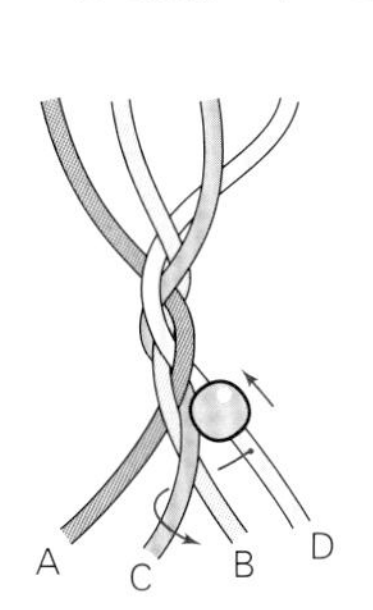

A C B D

5. 将在步骤1中穿好的串珠向上推1颗，继续编织。重复步骤2 ~ 5。

※在移动D绳之前就让1颗串珠穿过。

14 | 手链 P.9

14a

材料

磨面绒皮绳〔1.5mm〕黑色（509）200cm 1根
马克拉姆线 黑色（1458）460cm 1根
高品质金属串珠〔3mm〕银色（AC1428）98颗
珍珠〔S号〕黑色（AC705）32颗
银色黄铜串珠（AC1467）6颗
直径6mm的白纹石（AC288）9颗
金丝玛瑙（AC289）12颗
白镴（AC1264）1个

尺寸

长86cm

14b

材料

磨面绒皮绳〔1.5mm〕原色（501）200cm 1根
马克拉姆线 驼色（1455）460cm 1根
高品质金属串珠〔3mm〕金色（AC1427）86颗
珍珠〔S号〕白色（AC704）32颗
黄铜串珠（AC1137）6颗
直径6mm的砂金石（AC287）9颗
蔷薇石英（AC284）12颗
镀金白镴（AC1274）1个

尺寸

长82cm

①、② 起编方法（14a、14b通用）

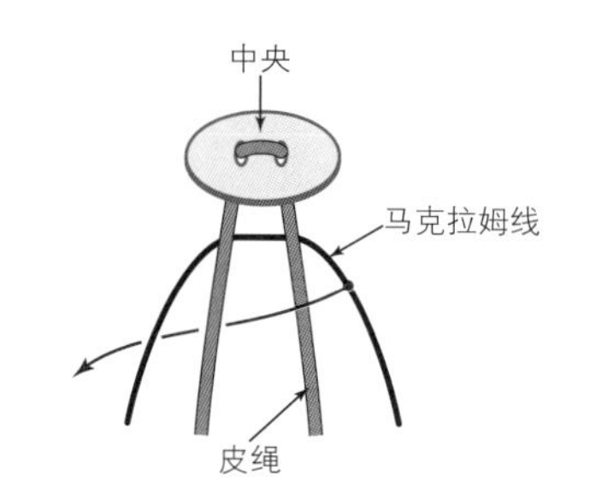
中央
马克拉姆线
皮绳

14a

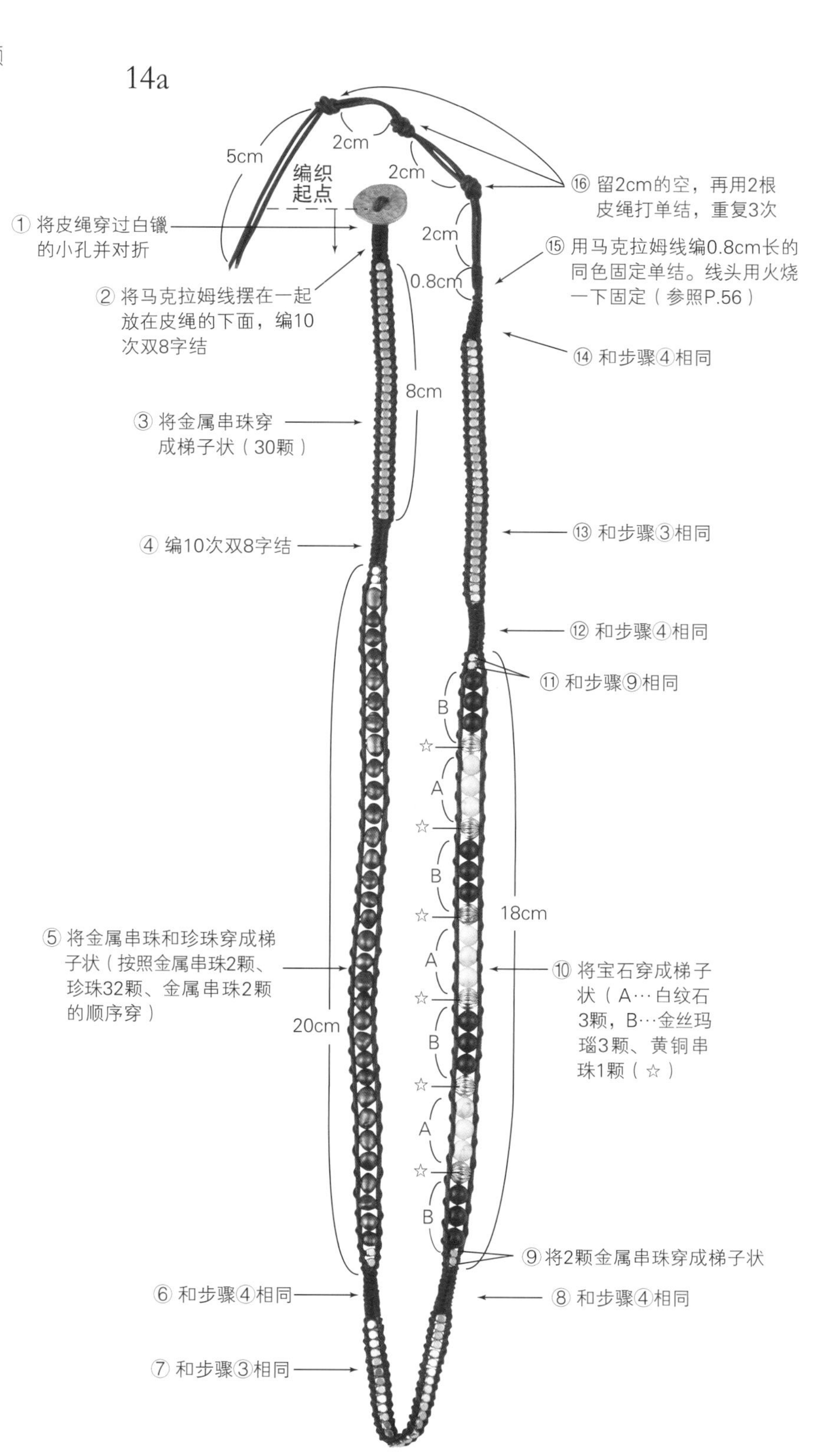
5cm
2cm
2cm
编织起点
2cm
0.8cm
8cm
18cm
20cm
① 将皮绳穿过白镴的小孔并对折
② 将马克拉姆线摆在一起放在皮绳的下面，编10次双8字结
③ 将金属串珠穿成梯子状（30颗）
④ 编10次双8字结
⑤ 将金属串珠和珍珠穿成梯子状（按照金属串珠2颗、珍珠32颗、金属串珠2颗的顺序穿）
⑥ 和步骤④相同
⑦ 和步骤③相同
⑧ 和步骤④相同
⑨ 将2颗金属串珠穿成梯子状
⑩ 将宝石穿成梯子状（A…白纹石3颗，B…金丝玛瑙3颗、黄铜串珠1颗（☆）
⑪ 和步骤⑨相同
⑫ 和步骤④相同
⑬ 和步骤③相同
⑭ 和步骤④相同
⑮ 用马克拉姆线编0.8cm长的同色固定单结。线头用火烧一下固定（参照P.56）
⑯ 留2cm的空，再用2根皮绳打单结，重复3次
A
B
☆

14b

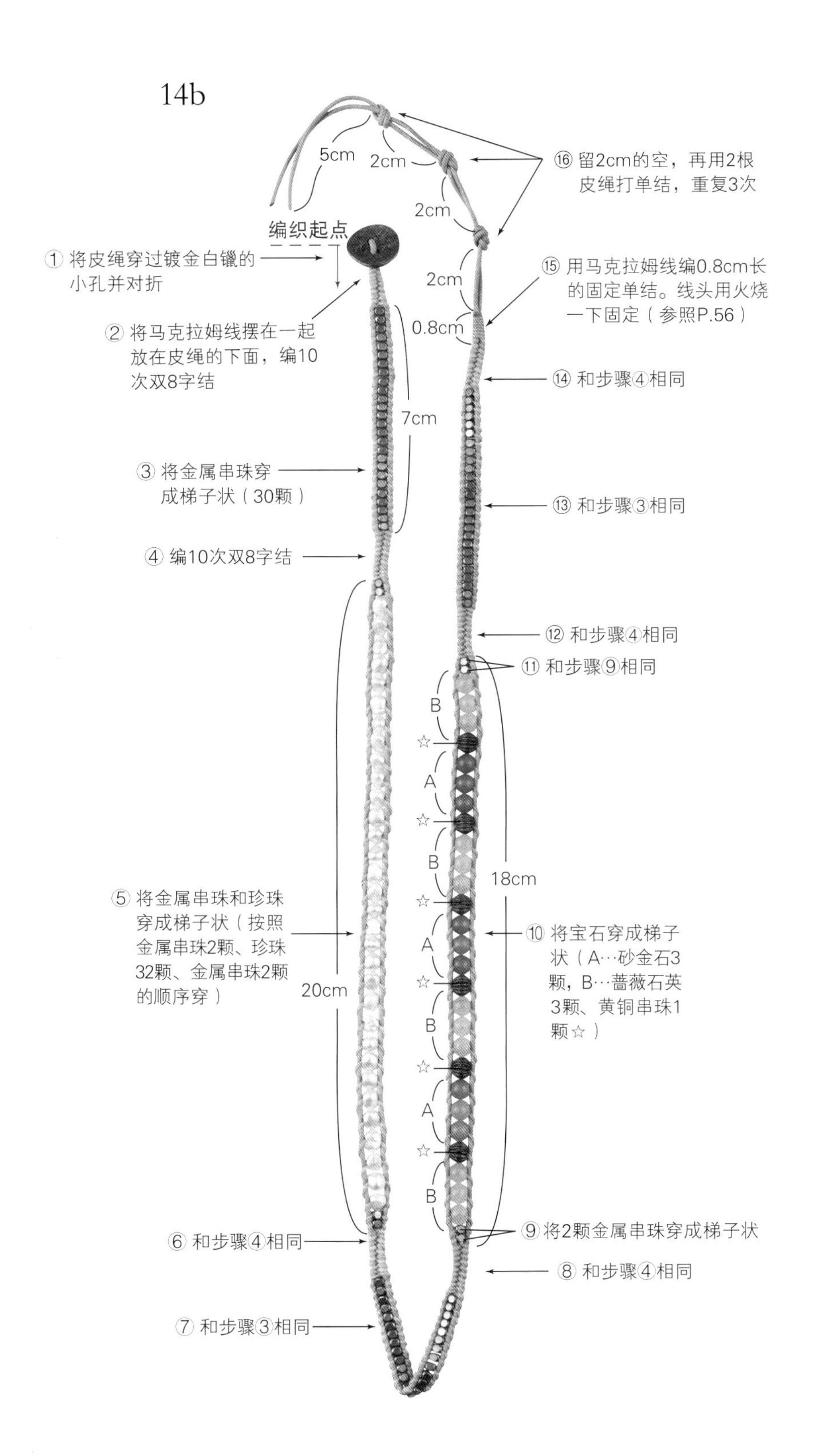

5cm
2cm
2cm
2cm
0.8cm
7cm
20cm
18cm
编织起点
① 将皮绳穿过镀金白镴的小孔并对折
② 将马克拉姆线摆在一起放在皮绳的下面，编10次双8字结
③ 将金属串珠穿成梯子状（30颗）
④ 编10次双8字结
⑤ 将金属串珠和珍珠穿成梯子状（按照金属串珠2颗、珍珠32颗、金属串珠2颗的顺序穿）
⑥ 和步骤④相同
⑦ 和步骤③相同
⑧ 和步骤④相同
⑨ 将2颗金属串珠穿成梯子状
⑩ 将宝石穿成梯子状（A…砂金石3颗，B…蔷薇石英3颗、黄铜串珠1颗☆）
⑪ 和步骤⑨相同
⑫ 和步骤④相同
⑬ 和步骤③相同
⑭ 和步骤④相同
⑮ 用马克拉姆线编0.8cm长的固定单结。线头用火烧一下固定（参照P.56）
⑯ 留2cm的空，再用2根皮绳打单结，重复3次
A
B
☆

梯子形串珠的穿法(14a、14b通用)

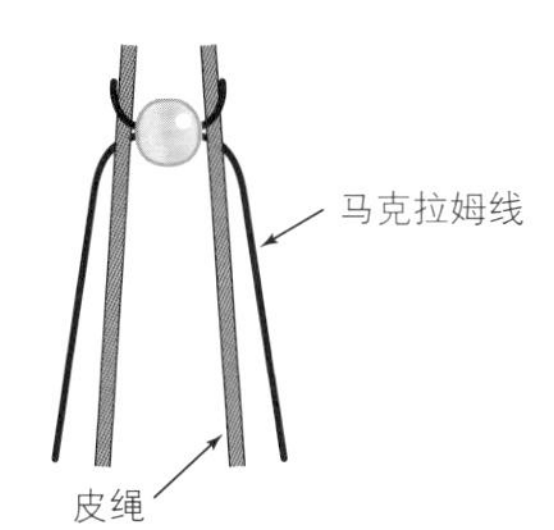

马克拉姆线
皮绳

1. 将皮绳、穿珠的马克拉姆线如图所示摆放。将马克拉姆线从串珠左右分别穿入。

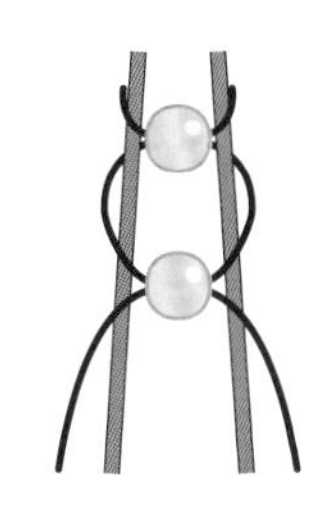

2. 穿过串珠的样子。

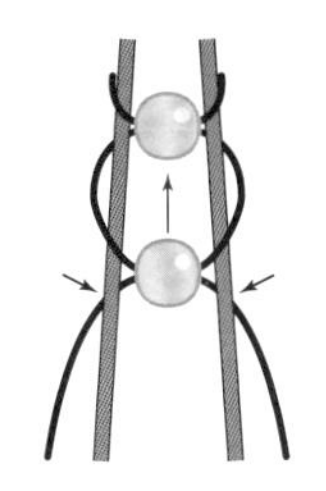

3. 将马克拉姆线从皮绳的线面穿过，将串珠向上拉。

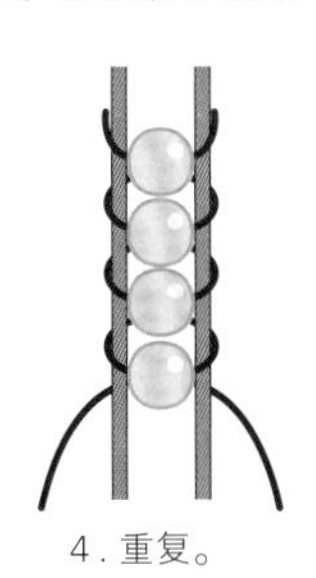

4. 重复。

⑬ 如何烧线头（14a、14b通用）

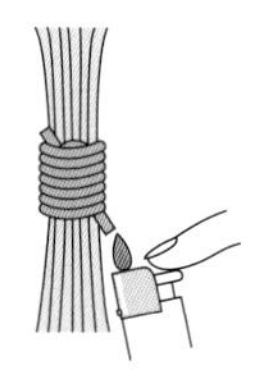

1. 将马克拉姆线线头预留3mm剪掉，将打火机的火慢慢靠近。

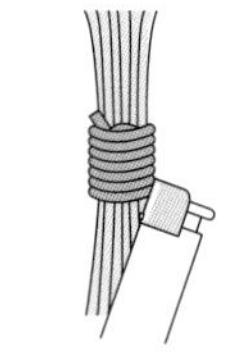

2. 如果线头熔化了，马上将打火机的侧面（金属面）压住，固定住熔化部分。

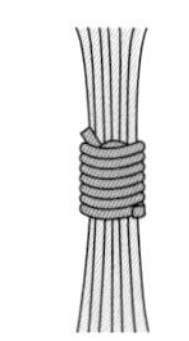

3. 受压的部分被固定，另一侧也同样制作。

⑬ 固定单结（14a、14b通用）

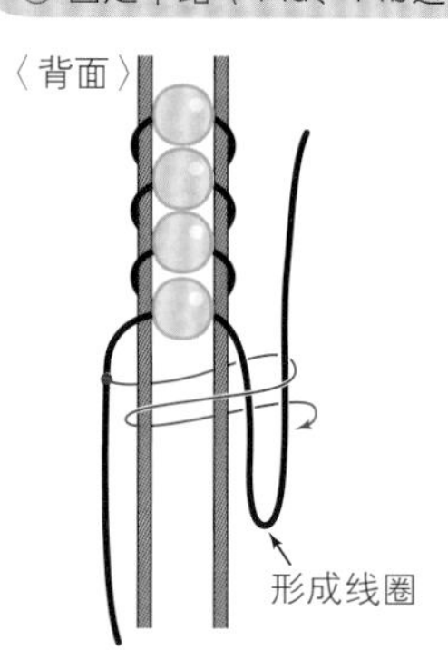
〈背面〉
形成线圈

1. 翻到背面，将1根马克拉姆线折弯，在下面做个线圈。将另1根线缠绕0.8cm。

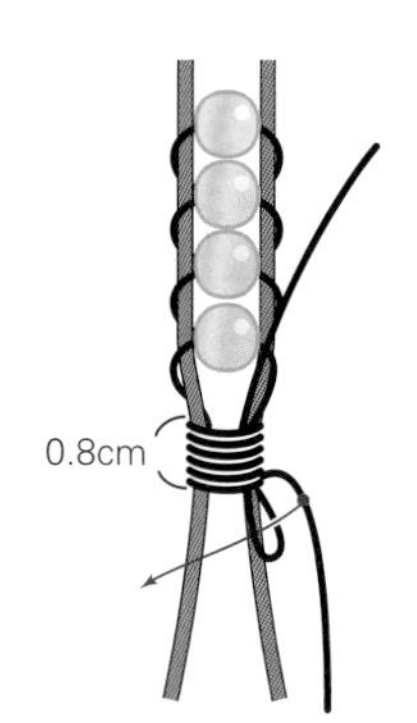
0.8cm

2. 将缠绕过的线头穿过线圈。

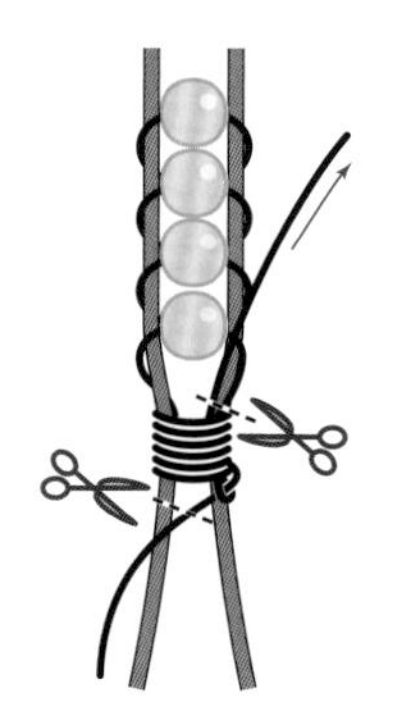

3. 向上拉并拉紧线头，将线头预留0.3mm剪掉，烧一下线头固定。

30 | 长项链 P.19

材料

磨面绒皮绳〔1mm〕原色（501）150cm 2根、糖色（503）150cm 2根、棕褐色（504）150cm 2根

黄铜串珠（AC1132）12颗

尺寸

长122cm

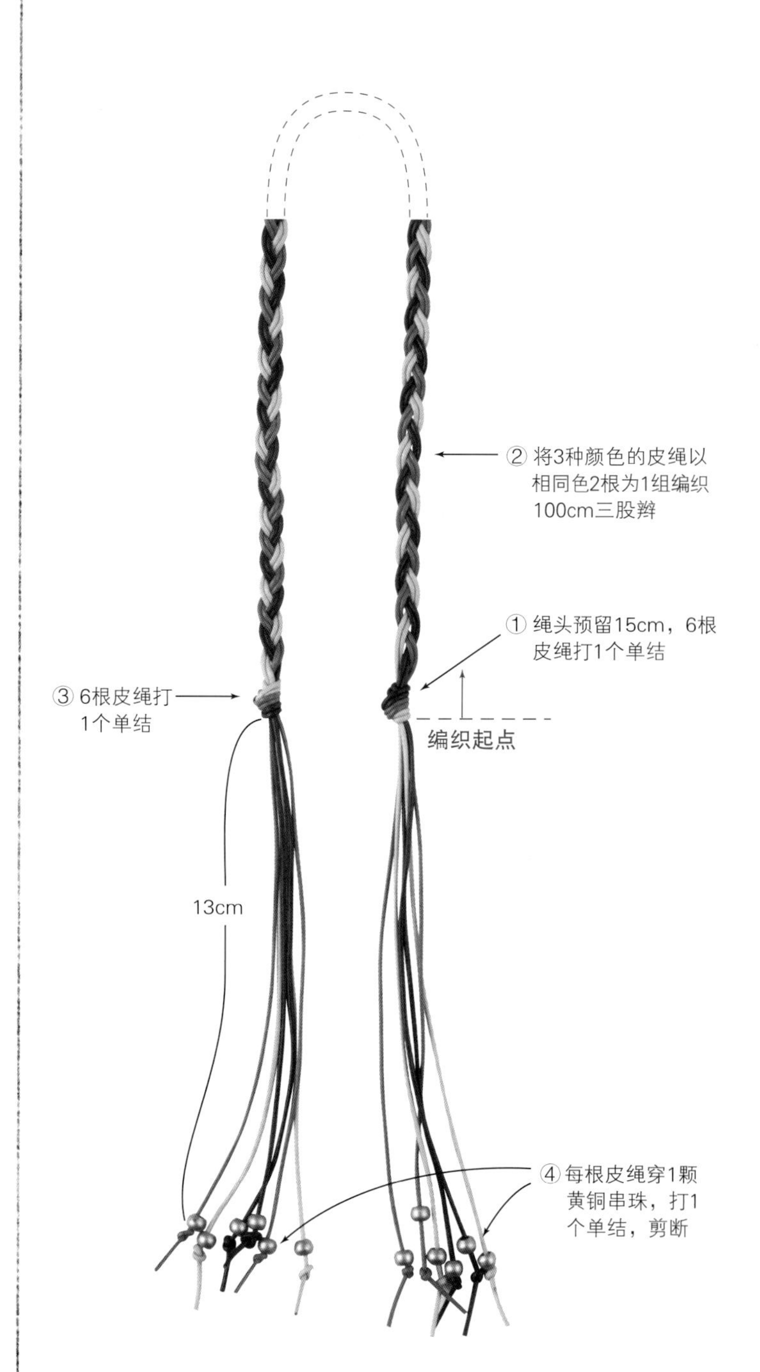
② 将3种颜色的皮绳以相同色2根为1组编织100cm三股辫
① 绳头预留15cm，6根皮绳打1个单结
③ 6根皮绳打1个单结
编织起点
13cm
④ 每根皮绳穿1颗黄铜串珠，打1个单结，剪断

25 两用项链 P.16

材料

上油植鞣皮绳〔2mm〕棕色（504）110cm 3根
镀金白镴（AC439）4个、（AC1242）4个
活套金属环〔金色〕（AC1437）1个
C形环（1.4mm×6mm×7mm金色 市售）4个

尺寸

长77cm

①、②起编方法

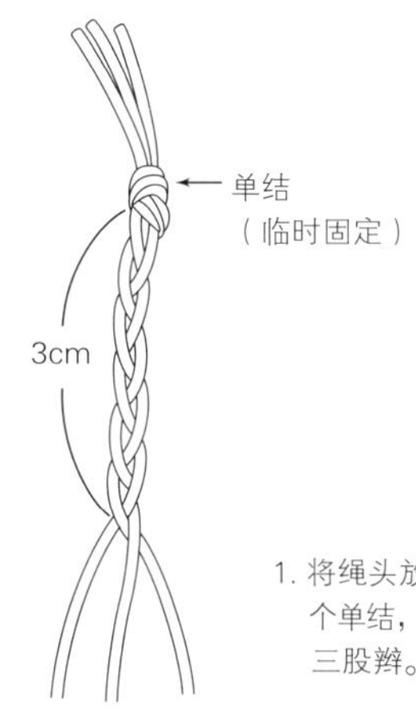

单结
（临时固定）
3cm

1. 将绳头放在一起打1个单结，编3cm长的三股辫。

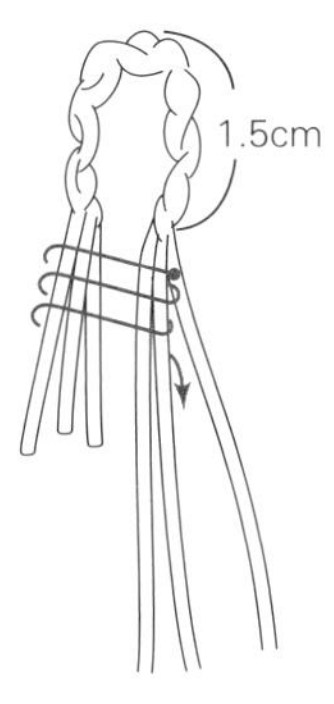

1.5cm

2. 解开单结对折，用1根长皮绳编织束结。

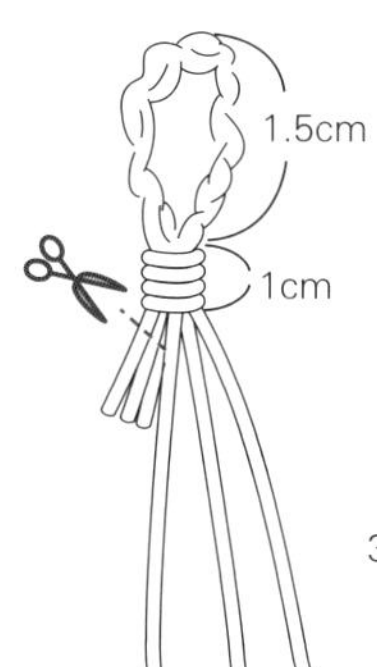

1.5cm
1cm

3. 将3根短绳剪掉，把绳结涂上黏合剂固定。

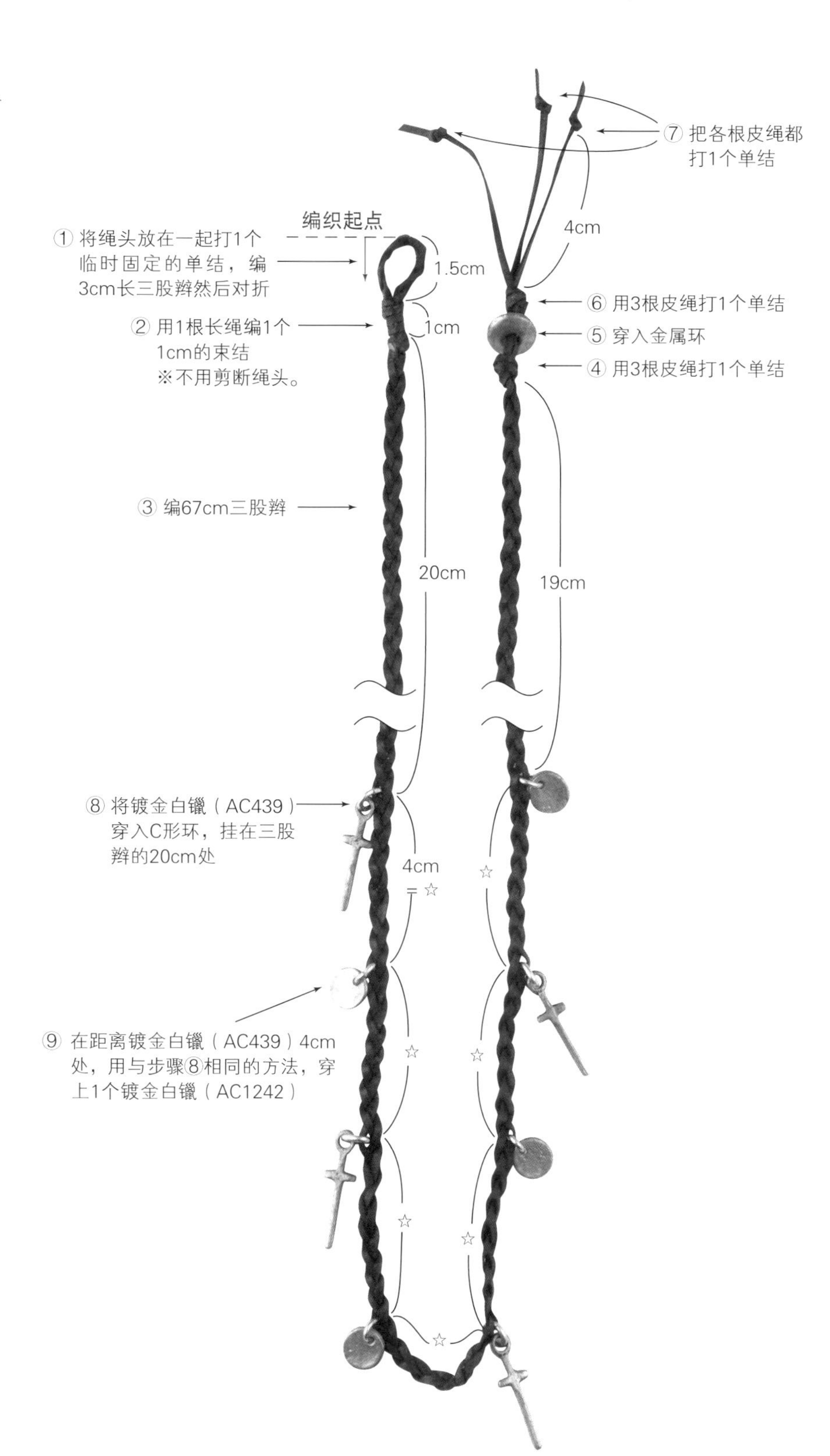

编织起点
① 将绳头放在一起打1个临时固定的单结，编3cm长三股辫然后对折
1.5cm
② 用1根长绳编1个1cm的束结
※不用剪断绳头。
1cm
③ 编67cm三股辫
20cm
⑦ 把各根皮绳都打1个单结
4cm
⑥ 用3根皮绳打1个单结
⑤ 穿入金属环
④ 用3根皮绳打1个单结
19cm
⑧ 将镀金白镴（AC439）穿入C形环，挂在三股辫的20cm处
4cm
=☆
⑨ 在距离镀金白镴（AC439）4cm处，用与步骤⑧相同的方法，穿上1个镀金白镴（AC1242）

17、18 | 短项链和手链 P.11

17

材料

磨面绒皮绳〔1mm〕黑色（509）230cm 3根、130cm 1根

白镴（AC1261）1组

C形环（1.4mm×6mm×7mm 金色 市售）2个

尺寸

长34cm（不含金属配件）

18

材料

磨面绒皮绳〔1mm〕黑色（509）120cm 3根、70cm 1根

白镴（AC1261）1组

C形环（1.4mm×6mm×7mm 金色 市售）2个

尺寸

长16cm（不含金属配件）

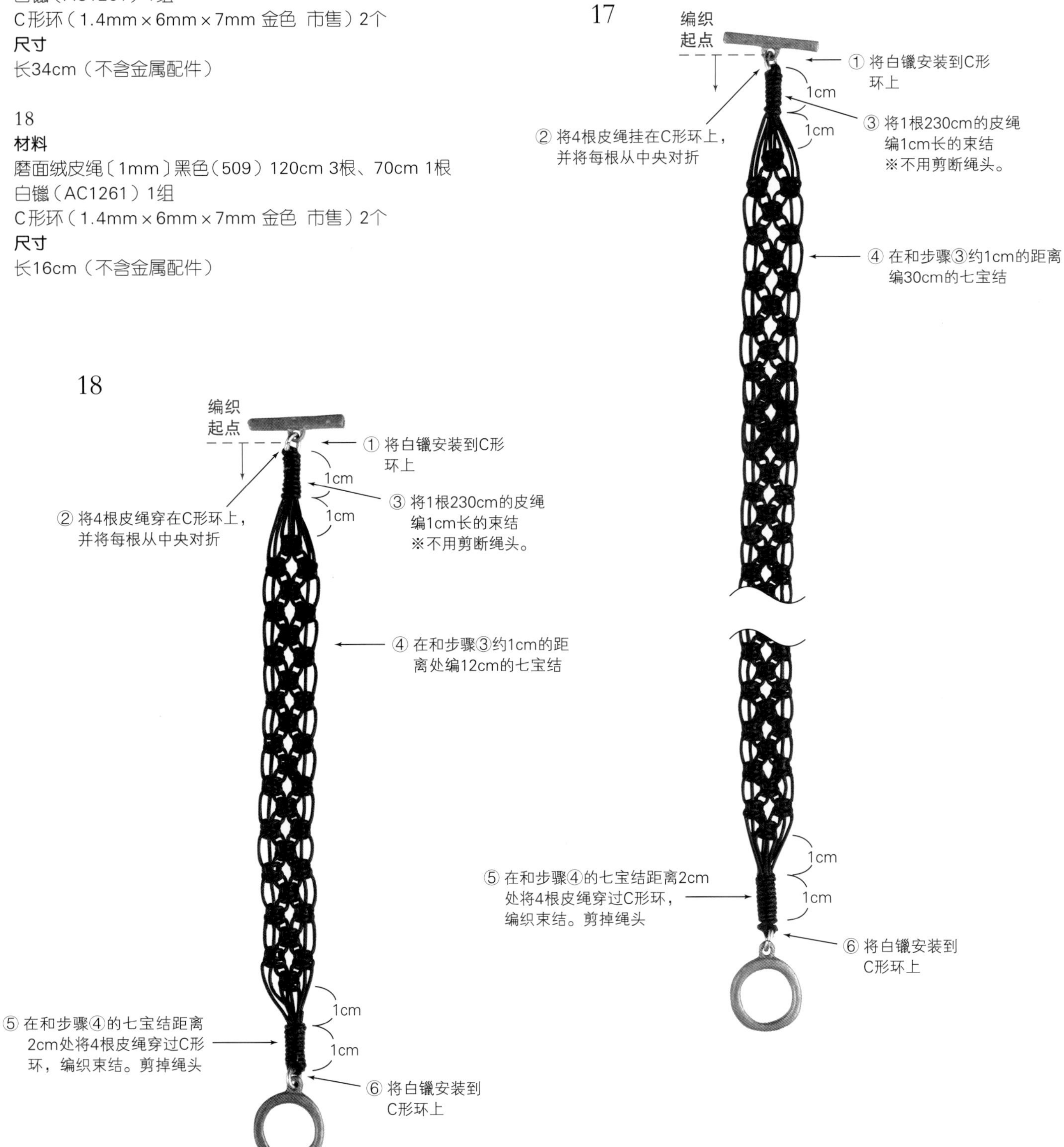
17
编织起点
① 将白镴安装到C形环上
1cm
1cm
② 将4根皮绳挂在C形环上，并将每根从中央对折
③ 将1根230cm的皮绳编1cm长的束结
※不用剪断绳头。
④ 在和步骤③约1cm的距离编30cm的七宝结
1cm
1cm
⑤ 在和步骤④的七宝结距离2cm处将4根皮绳穿过C形环，编织束结。剪掉绳头
⑥ 将白镴安装到C形环上
18
编织起点
① 将白镴安装到C形环上
1cm
1cm
② 将4根皮绳穿在C形环上，并将每根从中央对折
③ 将1根230cm的皮绳编1cm长的束结
※不用剪断绳头。
④ 在和步骤③约1cm的距离处编12cm的七宝结
1cm
1cm
⑤ 在和步骤④的七宝结距离2cm处将4根皮绳穿过C形环，编织束结。剪掉绳头
⑥ 将白镴安装到C形环上

②、③ 束结（17、18通用）

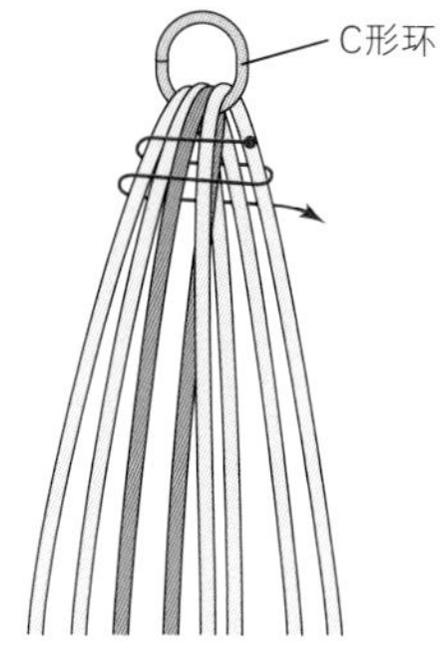
C形环

用1根230cm的皮绳编1cm长的束结。

④ 皮绳的摆放和七宝结（17、18通用）

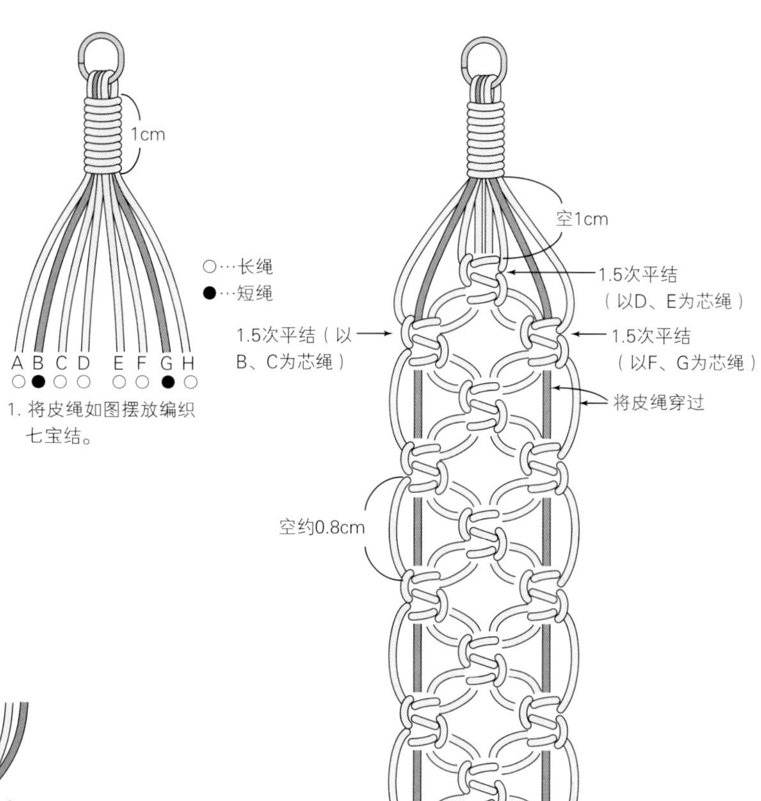
1cm
○…长绳
●…短绳
A B C D E F G H
空1cm
1.5次平结（以D、E为芯绳）
1.5次平结（以B、C为芯绳）
1.5次平结（以F、G为芯绳）
将皮绳穿过
空约0.8cm

1. 将皮绳如图摆放编织七宝结。

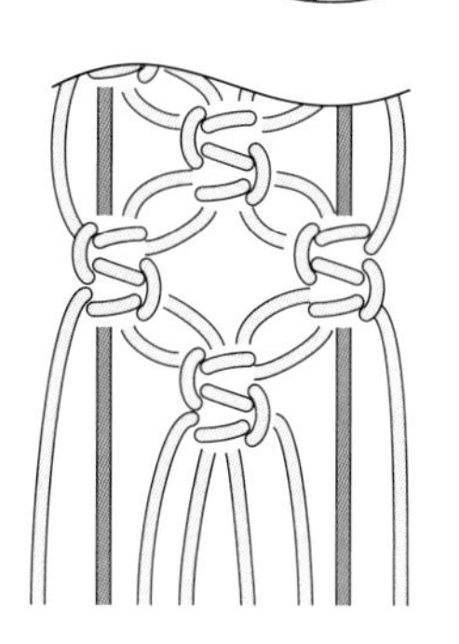

2. 用8根皮绳编织指定长度的七宝结。

※七宝结…是将1.5次的平结如图重复的编结方法。为日本传统的七宝图案。

⑤ 束结（17、18通用）

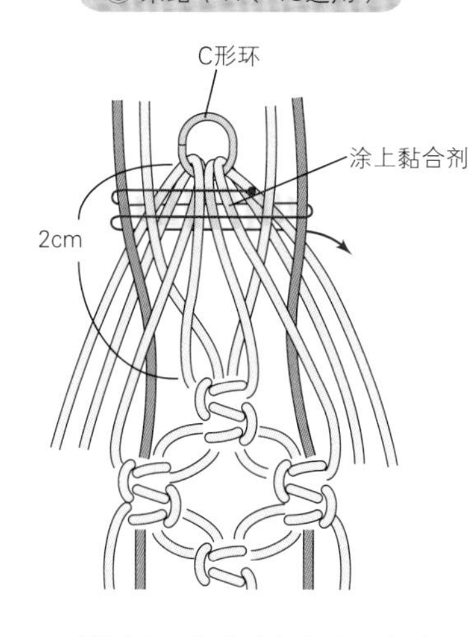
C形环
涂上黏合剂
2cm

1. 变换方向，将8根皮绳中的4根穿过C形环，在距绳结2cm处折弯。用穿过C形环中的一根皮绳编织1cm长的束结。提前给要缠绕的地方涂上胶水。

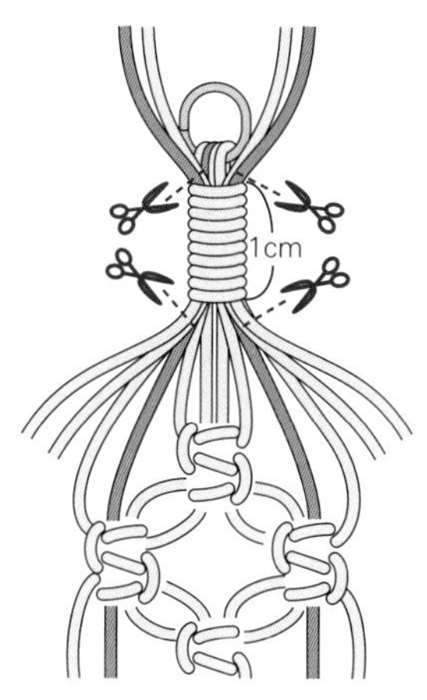
1cm

2. 剪掉绳头。

19、20 | 耳环 P.12

19

材料

磨面绒皮绳〔1mm〕天然色（509）70cm 2根
珍珠〔S号〕白色（AC704）6颗
金属圈（直径30mm 银色 市售）1组

尺寸

直径3cm

20

材料

染色植鞣皮绳〔2mm〕白色（816）40cm 6根
金属圈（直径30mm 金色 市售）1组

尺寸

直径3cm

20

② 穿过金属圈

① 做6个竹篮结。拉紧绳头后剪掉，用黏合剂固定
※ 中央的孔预留约0.3cm。
※ 竹篮结的编法参照P.38（不用做步骤7里的“如箭头所示重复一遍步骤4～7”，直接进入步骤8。缠绕的筒状物品，可用直径为1.5～2cm的粗笔）。

19

编织起点
1cm
1cm
9次
10次
8次
8次
① 安装皮绳以5cm的绳头和耳环金属圈为芯编9次左环结
② 将珍珠穿到皮绳上
③ 编8次左环结
④ 和步骤②相同
⑤ 和步骤③相同
⑥ 和步骤②相同
⑦ 编10次左环结
⑧ 处理绳头

① 起编方法

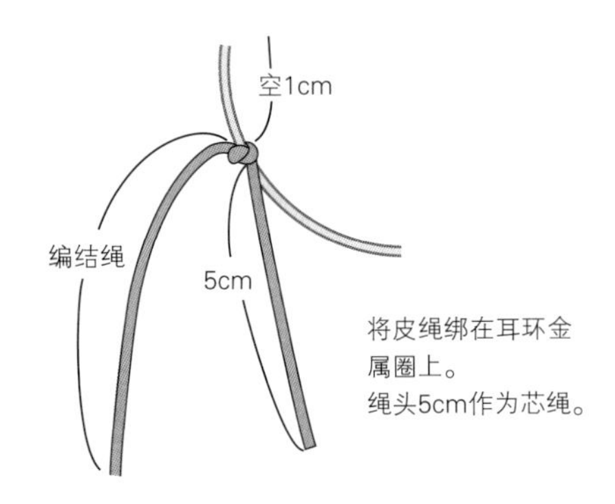
空1cm
编结绳
5cm

将皮绳绑在耳环金属圈上。
绳头5cm作为芯绳。

⑧ 绳尾处理方法

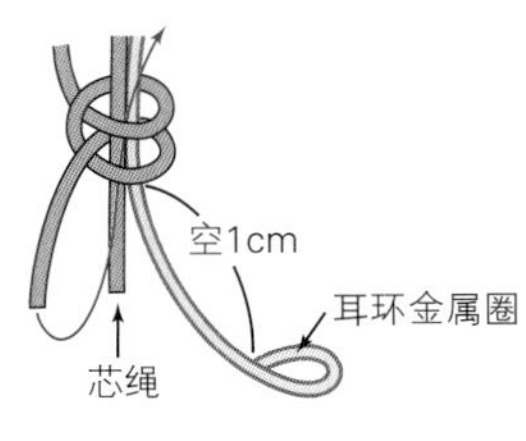
空1cm
耳环金属圈
芯绳

弄松最后的2次绳结，将绳头穿过，再拉紧空隙。
和芯绳一起剪掉。

21 戒指 P.12

21a

材料

磨面绒皮绳〔1mm〕糖色（503）80cm 1根

宝石〔圆珠8mm〕霰石（AC591）1颗

〔圆珠6mm〕霰石（AC581）2颗

21b

材料

磨面绒皮绳〔1mm〕天然色（501）80cm 1根

宝石〔圆珠8mm〕竹珊瑚（AC394）1颗

〔圆珠6mm〕竹珊瑚（AC384）2颗

21c

材料

磨面绒皮绳〔1mm〕棕褐色（504）80cm 1根

天然石〔圆珠8mm〕绿松石（AC295）1颗

〔圆珠6mm〕绿松石（AC285）2颗

尺寸

21a、21b…直径2cm　21c…直径2.5cm

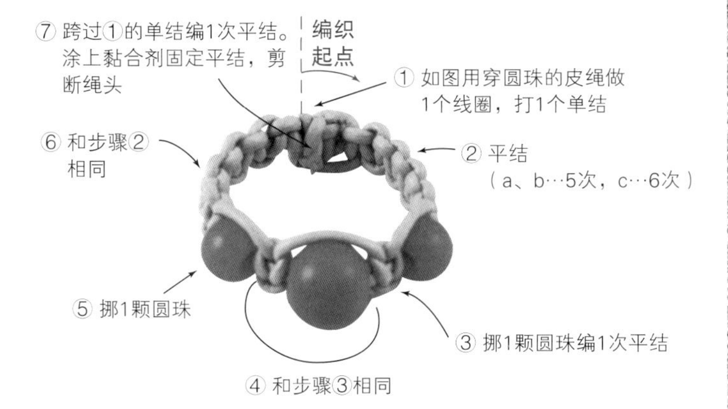
⑦ 跨过①的单结编1次平结。涂上黏合剂固定平结，剪断绳头
编织起点
① 如图用穿圆珠的皮绳做1个线圈，打1个单结
⑥ 和步骤② 相同
② 平结（a、b…5次，c…6次）
⑤ 挪1颗圆珠
③ 挪1颗圆珠编1次平结
④ 和步骤③相同

①起编方法

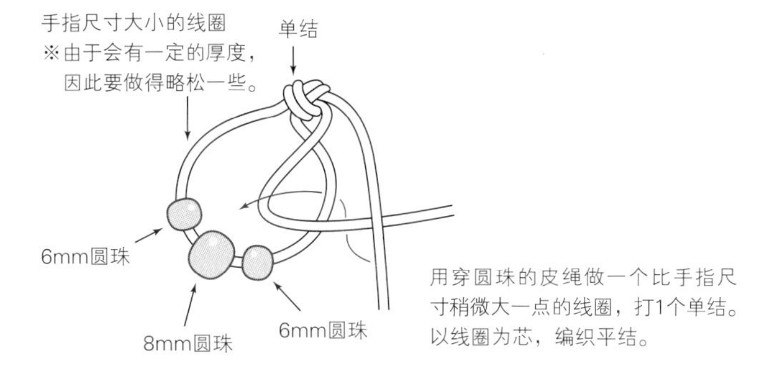
手指尺寸大小的线圈
※由于会有一定的厚度，因此要做得略松一些。
单结
6mm圆珠
8mm圆珠
6mm圆珠
用穿圆珠的皮绳做一个比手指尺寸稍微大一点的线圈，打1个单结。以线圈为芯，编织平结。

23 小吊饰 P.13

23a

材料

染色植鞣皮绳〔3mm〕红色（815）50cm 2根

AG手机配件（G1016）1个

23b

材料

染色植鞣皮绳〔3mm〕棕色（812）50cm 2根

AG手机配件（G1016）1个

23c

材料

染色植鞣皮绳〔3mm〕白色（816）50cm 1根，

蓝色（819）50cm 1根

手机配件（G1016）1个

尺寸

长10cm（不含手机配件）

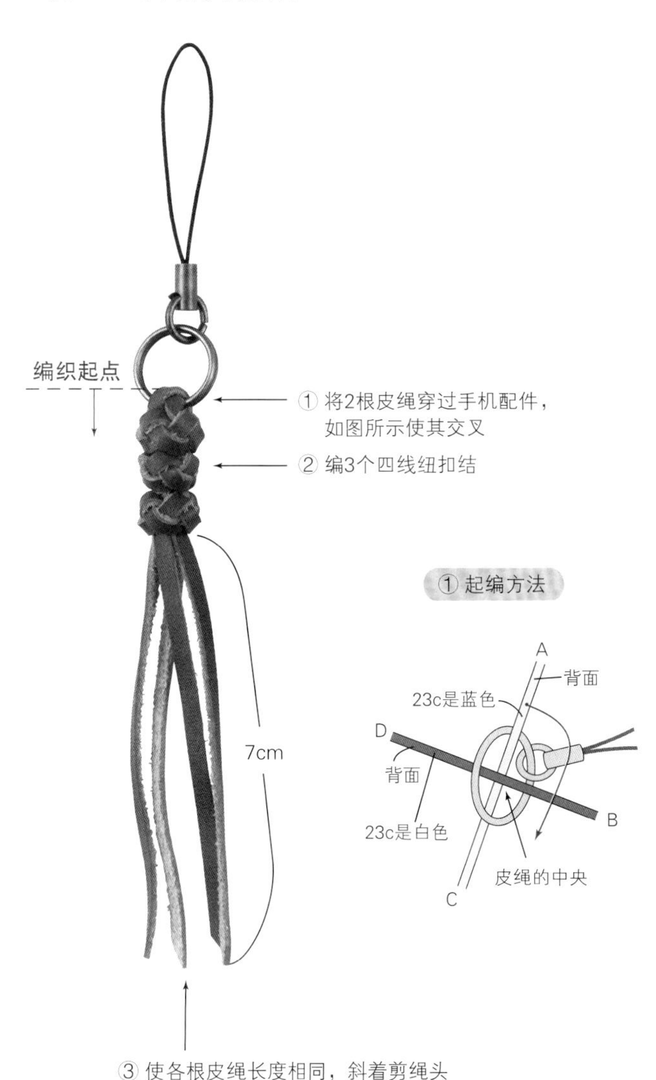
编织起点
① 将2根皮绳穿过手机配件，如图所示使其交叉
② 编3个四线纽扣结
7cm
③ 使各根皮绳长度相同，斜着剪绳头
① 起编方法
A
背面
23c是蓝色
D
背面
B
23c是白色
皮绳的中央
C

27 | 钥匙链 P.18

材料

仿古皮绳〔1.5mm〕天然色（501）80cm 2根

小玻璃串珠 红色（AC991）4颗、蓝色（AC992）6颗、黑色（AC993）4颗

钥匙环（G1020）1个

尺寸

长13cm（不含金属配件）

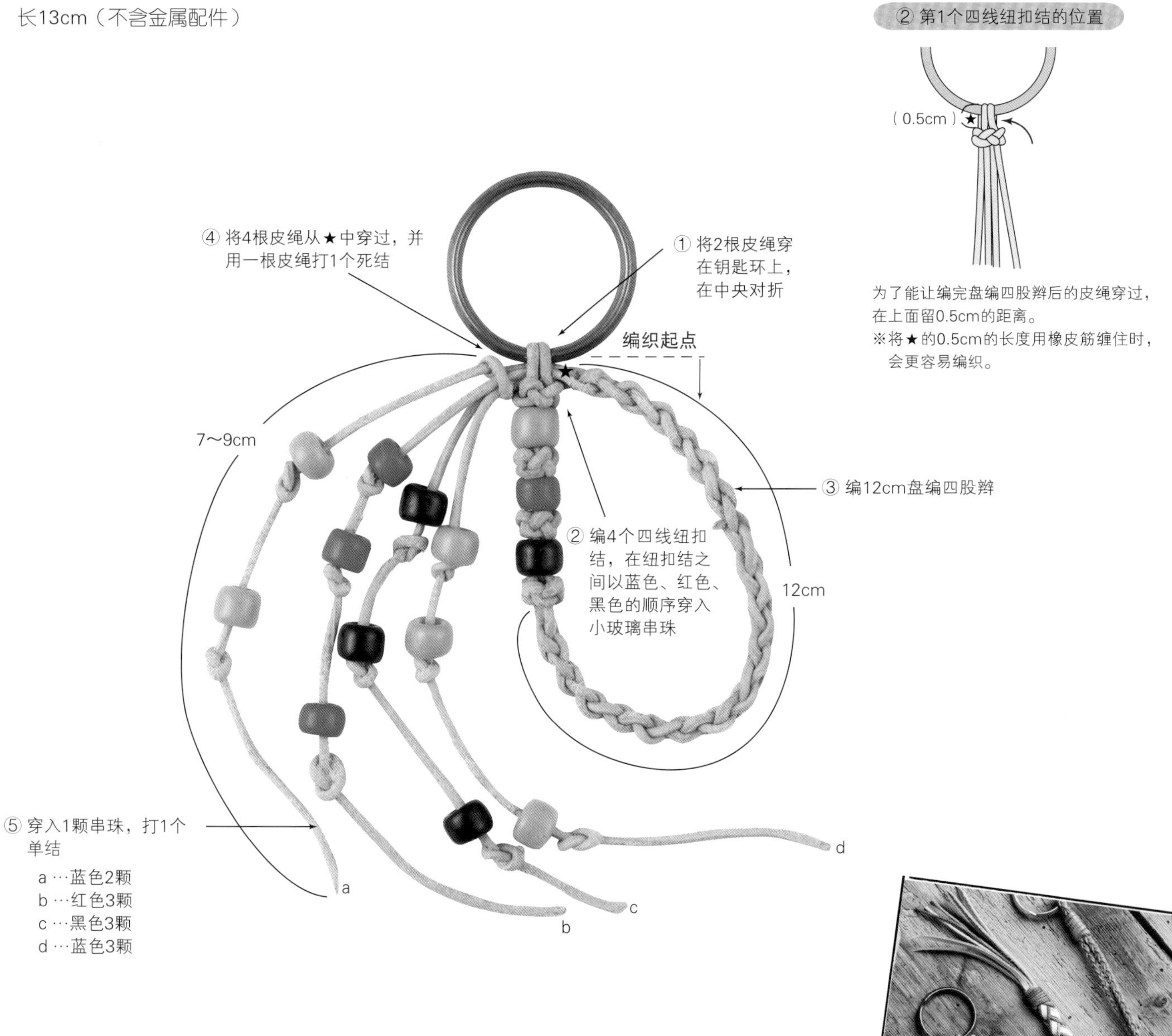

② 第1个四线纽扣结的位置
（0.5cm）★
为了能让编完盘编四股辫后的皮绳穿过，在上面留0.5cm的距离。
※将★的0.5cm的长度用橡皮筋缠住时，会更容易编织。
④ 将4根皮绳从★中穿过，并用一根皮绳打1个死结
① 将2根皮绳穿在钥匙环上，在中央对折
编织起点
7～9cm
③ 编12cm盘编四股辫
② 编4个四线纽扣结，在纽扣结之间以蓝色、红色、黑色的顺序穿入小玻璃串珠
12cm
⑤ 穿入1颗串珠，打1个单结
a …蓝色2颗
b …红色3颗
c …黑色3颗
d …蓝色3颗
a
b
c
d

28 | 钥匙链 P.18

材料

染色植鞣皮绳〔3mm〕白色（816）50cm 2根
丝光线〔1.5mm〕彩虹色段染（857）50cm 4根
白镴（AC1305）1个
钥匙圈（S1014）1个
AS圆环（S1018）2个

尺寸

长15cm（不含金属配件）

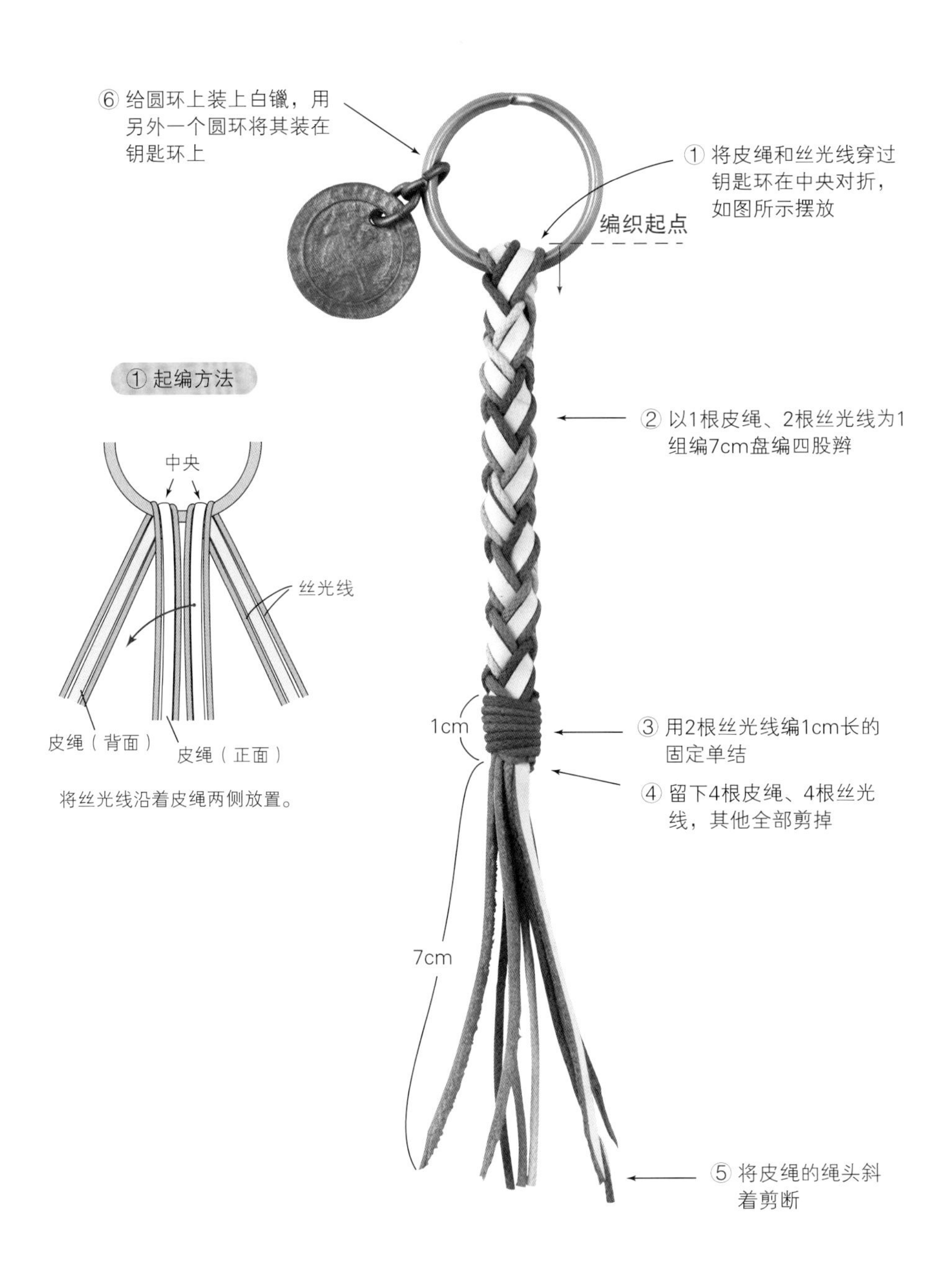

⑥ 给圆环上装上白镴，用另外一个圆环将其装在钥匙环上
① 将皮绳和丝光线穿过钥匙环在中央对折，如图所示摆放
编织起点
② 以1根皮绳、2根丝光线为1组编7cm盘编四股辫
1cm
③ 用2根丝光线编1cm长的固定单结
④ 留下4根皮绳、4根丝光线，其他全部剪掉
7cm
⑤ 将皮绳的绳头斜着剪断
① 起编方法
中央
丝光线
皮绳（背面）
皮绳（正面）

将丝光线沿着皮绳两侧放置。

③ 固定单结

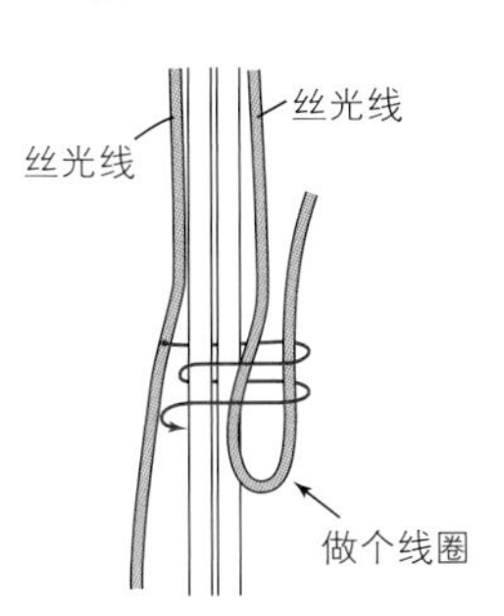

丝光线
丝光线
做个线圈

1. 用1根丝光线做个线圈，用另外1根丝光线从上到下缠绕。

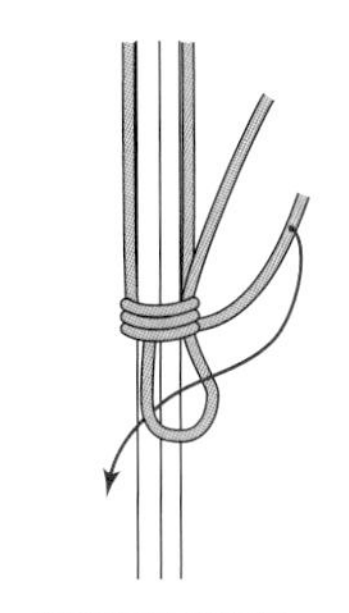

2. 将缠好的丝光线穿过线圈。

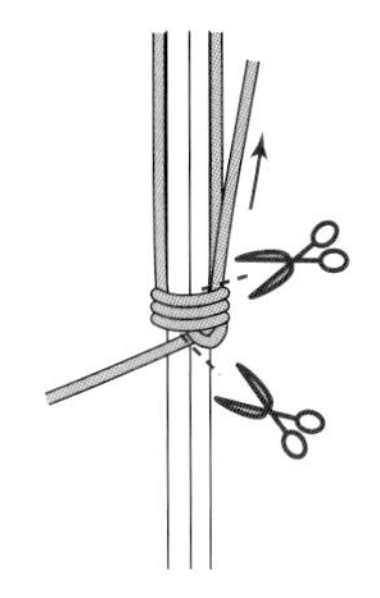

3. 如箭头所示将绳头向上拉，固定好。从根部剪掉，完成。

26 | 钱包链 P.17

材料

染色植鞣皮绳〔2mm〕棕色（812）150cm 2根，白色（816）150cm 1根，蓝色（819）150cm 1根、20cm 1根

AG钥匙扣（G1021）1个

AG钥匙环（G1020）1个

尺寸

长45cm（不含金属配件）

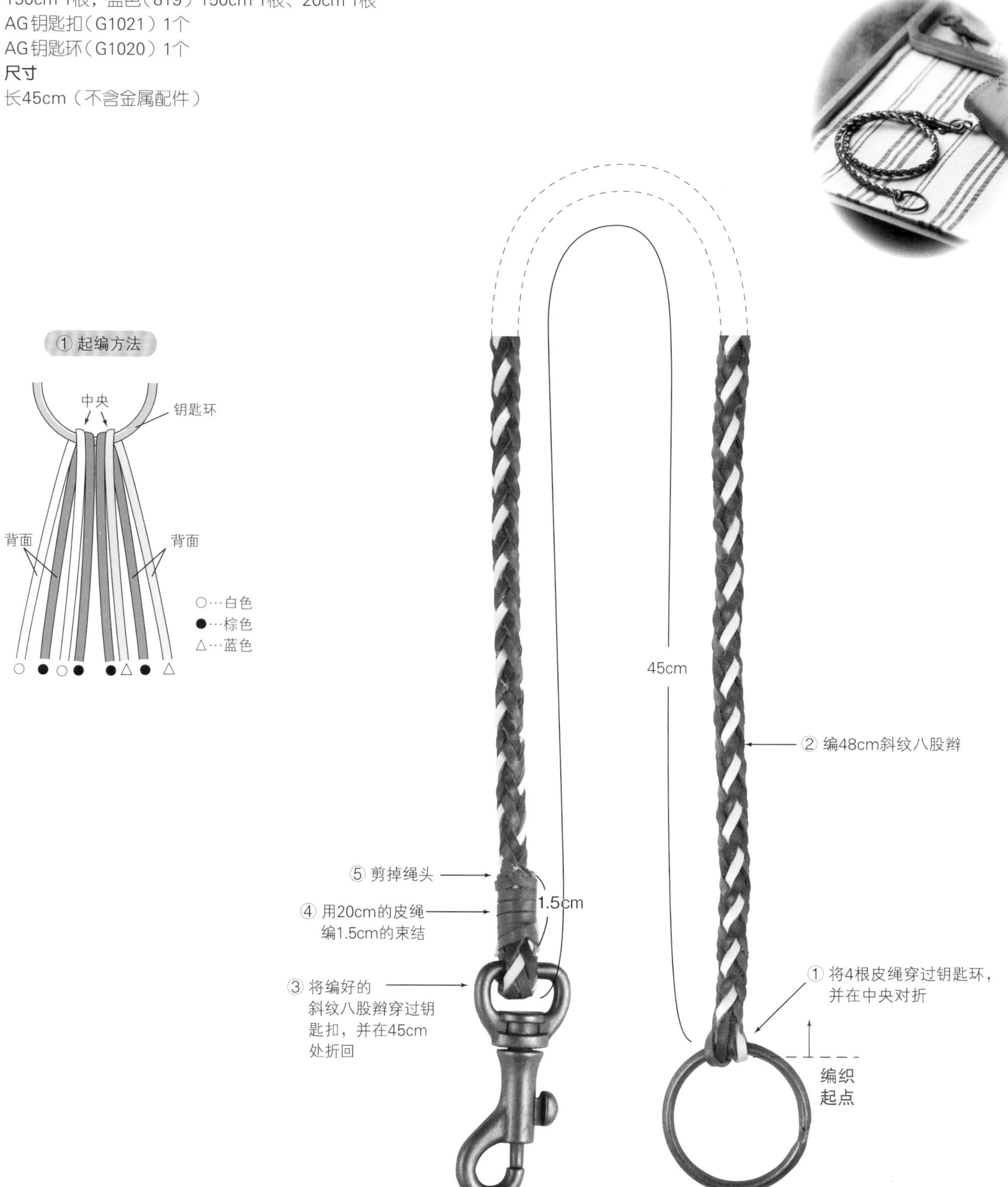

① 起编方法
中央
钥匙环
背面
背面
○…白色
●…棕色
△…蓝色
45cm
② 编48cm斜纹八股辫
⑤ 剪掉绳头
④ 用20cm的皮绳编1.5cm的束结
1.5cm
③ 将编好的斜纹八股辫穿过钥匙扣，并在45cm处折回
① 将4根皮绳穿过钥匙环，并在中央对折
编织起点

29 | 钥匙链 P.18

材料

染色植鞣皮绳〔2mm〕橙色（817）90cm 2根、20cm 1根

钥匙环（S1014）1个

尺寸

长20cm（不含金属配件）

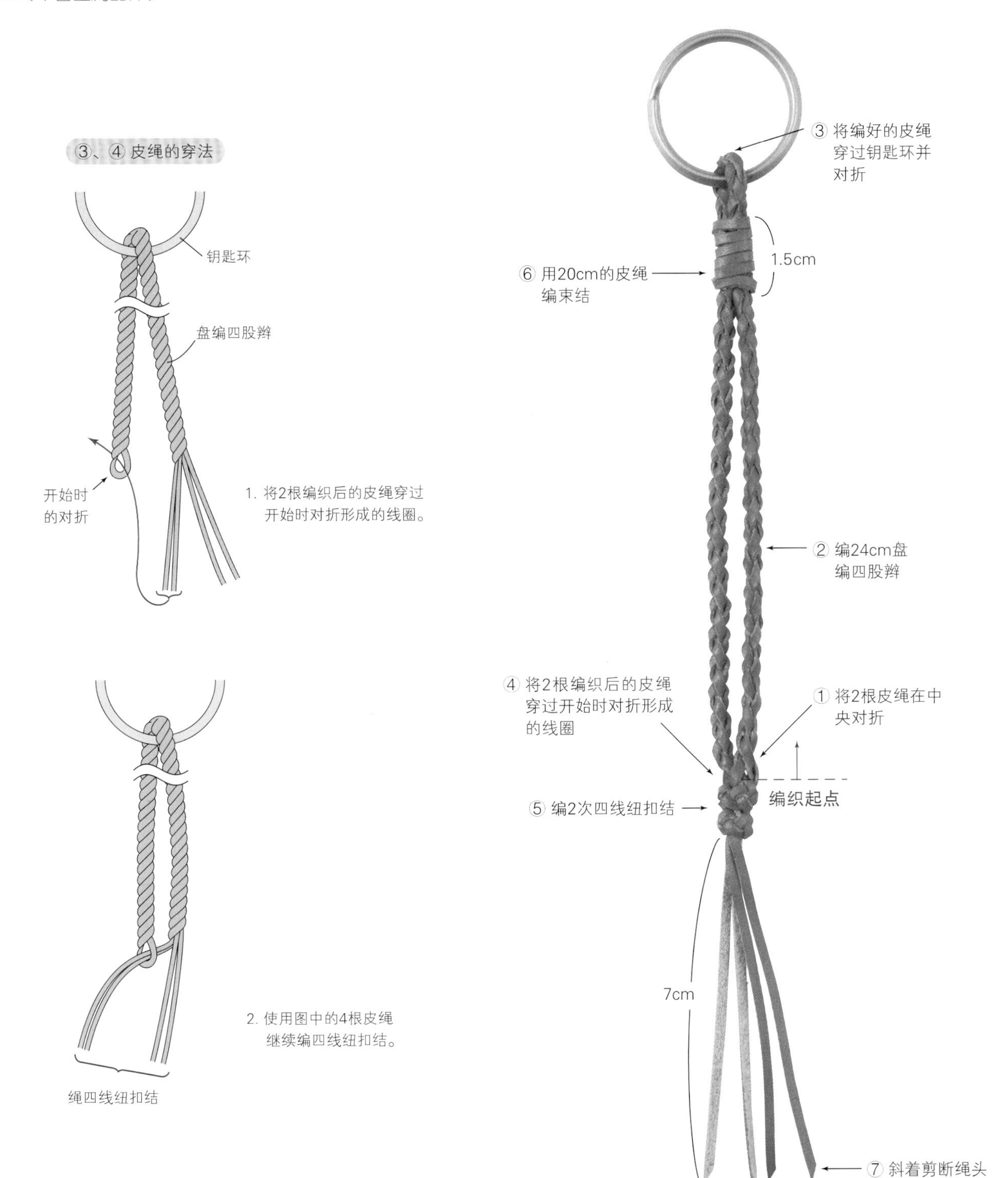

③、④ 皮绳的穿法
钥匙环
盘编四股辫
开始时
的对折
1. 将2根编织后的皮绳穿过
开始时对折形成的线圈。
2. 使用图中的4根皮绳
继续编四线纽扣结。
绳四线纽扣结
③ 将编好的皮绳
穿过钥匙环并
对折
⑥ 用20cm的皮绳
编束结
1.5cm
② 编24cm盘
编四股辫
④ 将2根编织后的皮绳
穿过开始时对折形成
的线圈
① 将2根皮绳在中
央对折
编织起点
⑤ 编2次四线纽扣结
7cm
⑦ 斜着剪断绳头

31 | 长饰带 P.20

31a
材料
染色植鞣皮绳〔2mm〕黑色（813）250cm 1根、白色（816）250cm 1根
S手机配件（S1022）1个

31b
材料
染色植鞣皮绳〔2mm〕棕色（812）250cm 2根
S手机配件（S1022）1个

31c
材料
染色植鞣皮绳〔2mm〕橙色（817）250cm 1根、白色（816）250cm 1根
S手机配件（S1022）1个

尺寸
长76cm

③ 将2根编完的皮绳穿入手机挂件，编1次圆柱结
① 将皮绳穿入手机配件，在中央对折
编织起点
④ 将有圈的一方朝上，盘编四股辫为芯，编3次包芯四线纽扣结。剪断绳头，在内侧涂上黏合剂固定
② 编80cm盘编四股辫

③、④ 圆柱结和包芯四线纽扣结

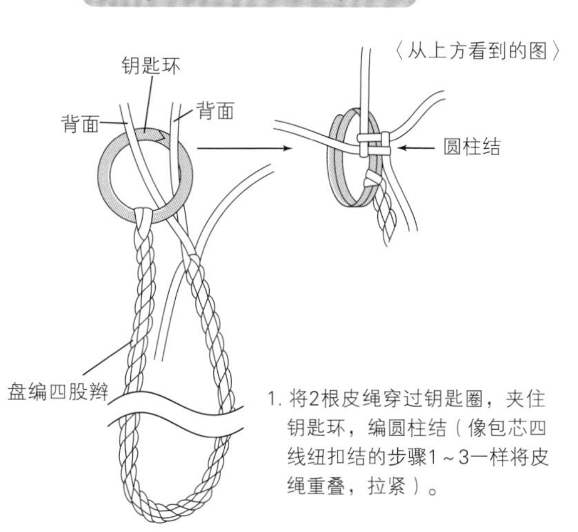
钥匙环
背面
背面
〈从上方看到的图〉
圆柱结
盘编四股辫

1. 将2根皮绳穿过钥匙圈，夹住钥匙环，编圆柱结（像包芯四线纽扣结的步骤1～3一样将皮绳重叠，拉紧）。

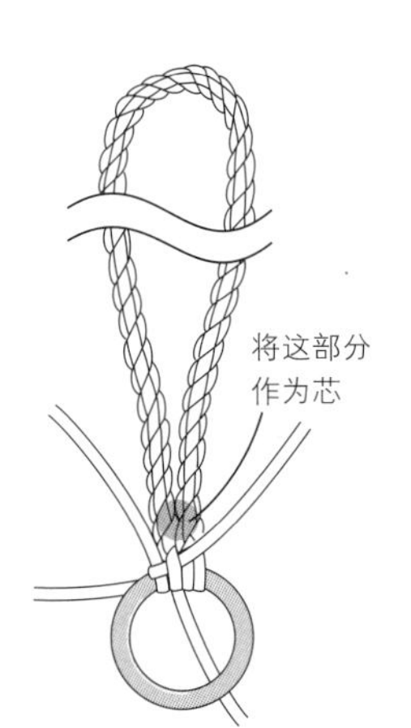
将这部分作为芯

2. 将钥匙环朝下，以2根盘编四股辫为芯编3次包芯四线纽扣结。

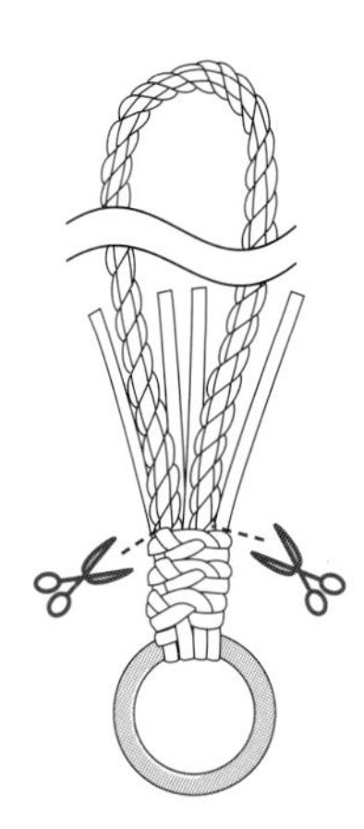

3. 剪断绳头，涂上黏合剂固定。

① 31a的起编方法

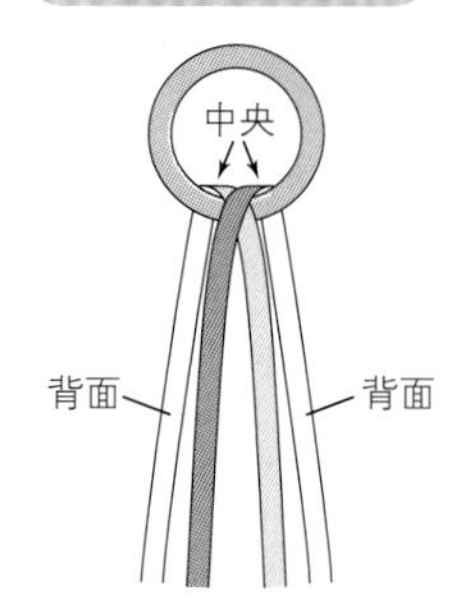
中央
背面
背面

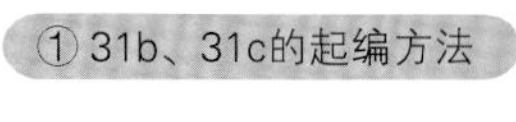
① 31b、31c的起编方法

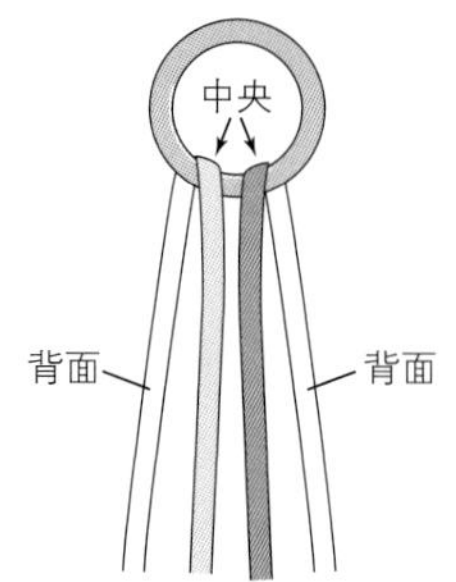
中央
背面
背面

33 | 发圈 

P.22

33a

材料

仿古皮绳〔2mm〕天然色（501）90cm 1根

橡皮筋（茶色 市售）1个

尺寸

绳结部分直径3.5cm

33b

材料

绒面皮绳〔1.5mm〕蓝色（512）90cm 1根

橡皮筋（黑色 市售）1个

33c

材料

绒面皮绳〔2mm〕橙色（510）90cm 1根

橡皮筋（茶色 市售）1个

尺寸

绳结部分直径3cm（33b、33c通用）

① 编织淡路结（3圈）

② 从后面将绳头拉出，夹住橡皮筋，打1个单平结。在绳结上涂上黏合剂固定，剪断绳头

［后面］

单平结

① 淡路结（3圈）

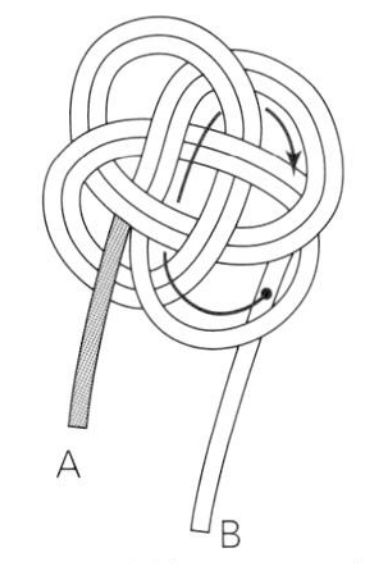
A
B

1.先编织淡路结（P.31）步骤*1*～*6*，像第2圈一样再穿一遍。

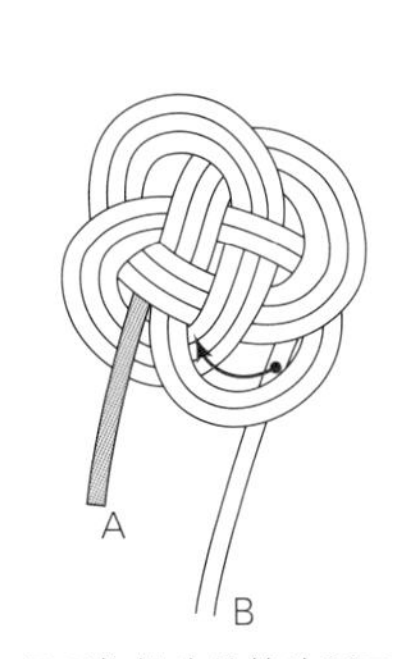
A
B

2.最后将绳头从箭头所示地方穿过，并从后面拉出。

B
将A的绳头
从后面拉出
A

3.按顺序拉紧，使其没有间隙，整理平整。

② 单平结

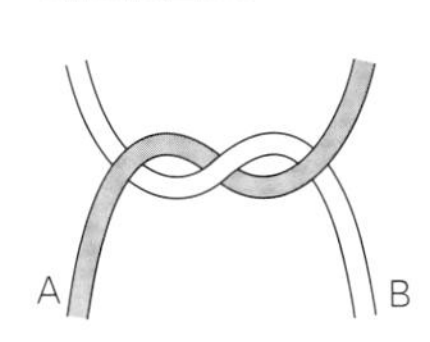
A
B

1. 如图所示编织2根皮绳。

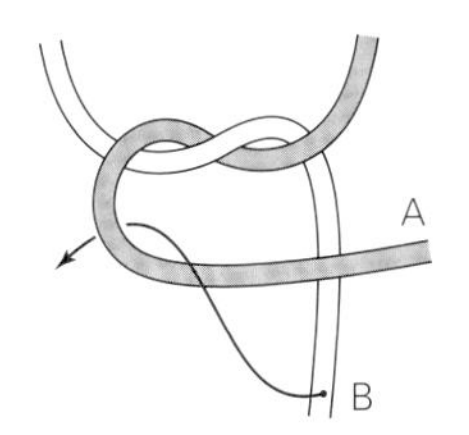
A
B

2. 将A重叠在B上，将B如箭头所示穿过。

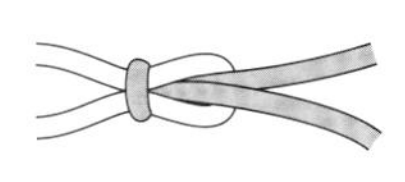

3. 完成。

35 | 脚链 P.24

材料

上油植鞣皮绳〔2mm〕棕色（504）60cm 3根

骨珠（AC1226）4颗、（AC1228）1颗

尺寸

周长25cm

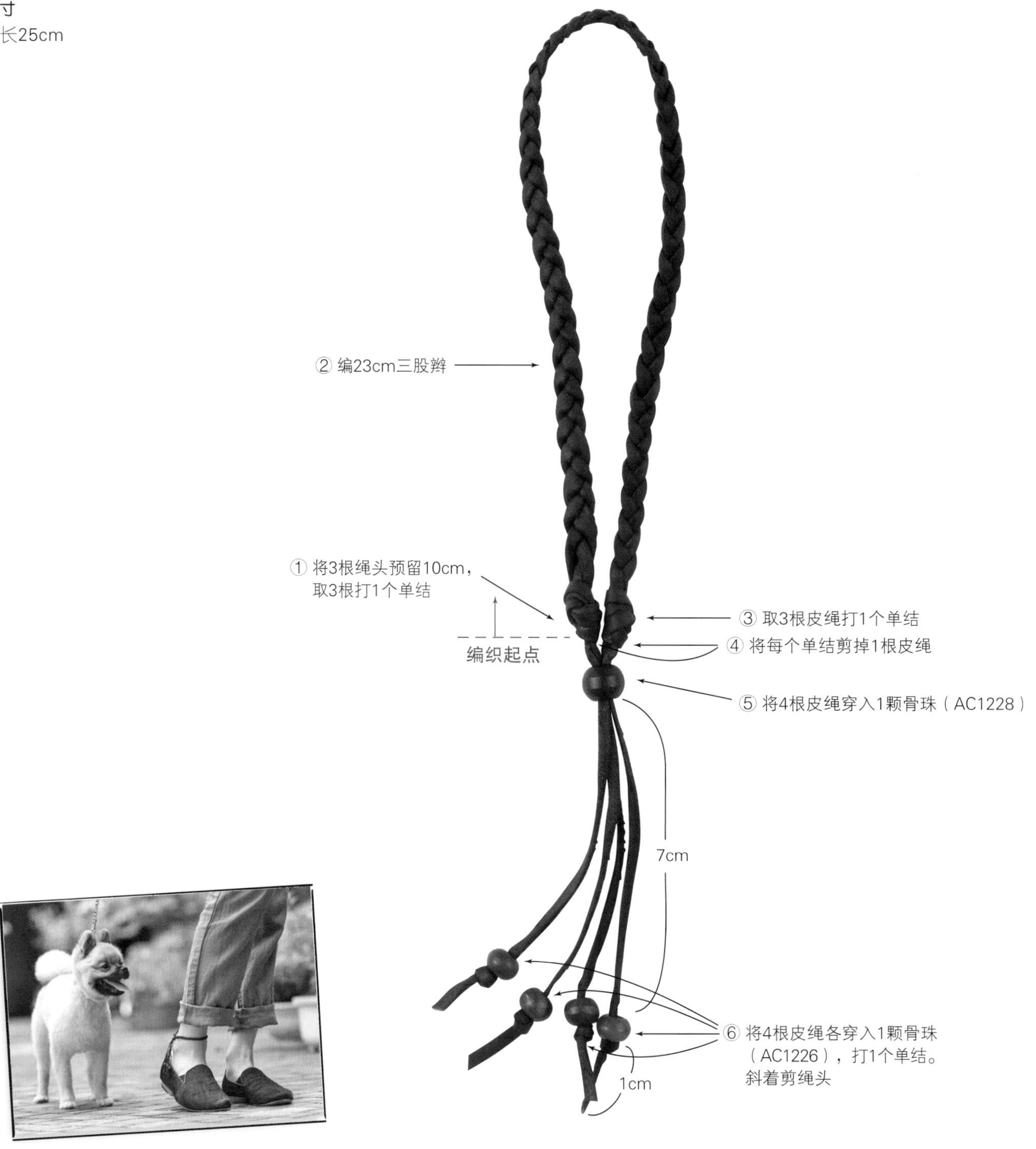
② 编23cm三股辫
① 将3根绳头预留10cm，
取3根打1个单结
编织起点
③ 取3根皮绳打1个单结
④ 将每个单结剪掉1根皮绳
⑤ 将4根皮绳穿入1颗骨珠（AC1228）
7cm
⑥ 将4根皮绳各穿入1颗骨珠
（AC1226），打1个单结。
斜着剪绳头
1cm

36 | 项链 P.25

材料

仿古皮绳〔1.5mm〕原色（501）110cm 1根

镀金白镴（AC447）1个

尺寸

周长最长68cm

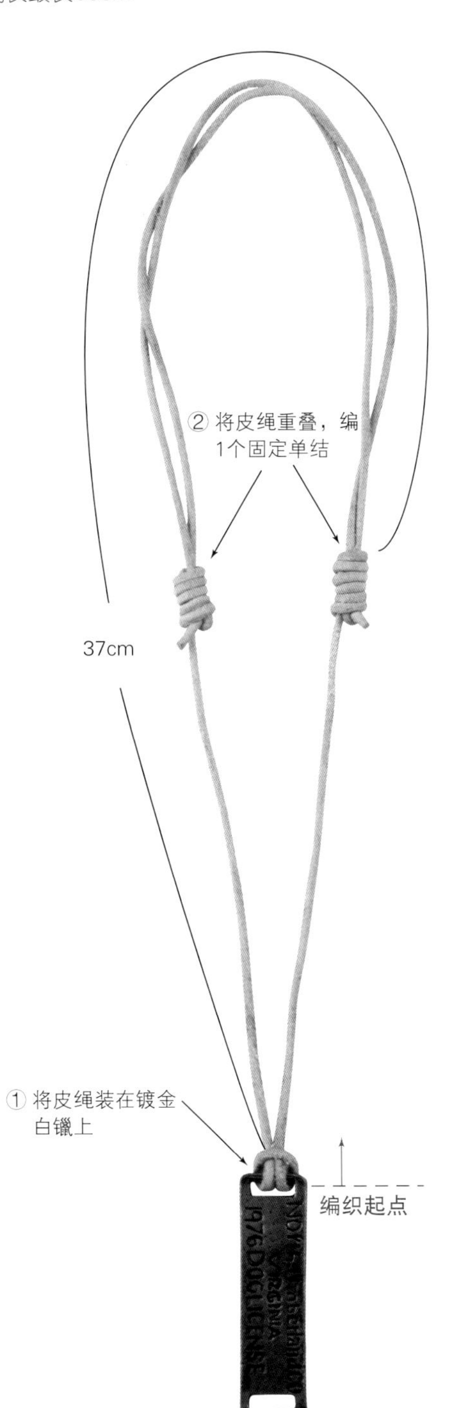
② 将皮绳重叠，编1个固定单结
37cm
① 将皮绳装在镀金白镴上
编织起点

① 起编方法

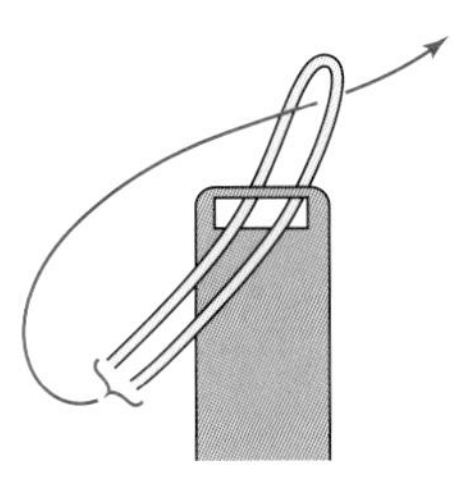

1. 将从中央对折后的皮绳穿入镀金白镴，将绳头穿过线圈。

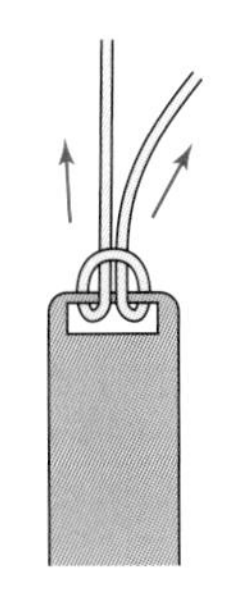

2. 拉一下穿过的皮绳。

② 皮绳的重叠方法

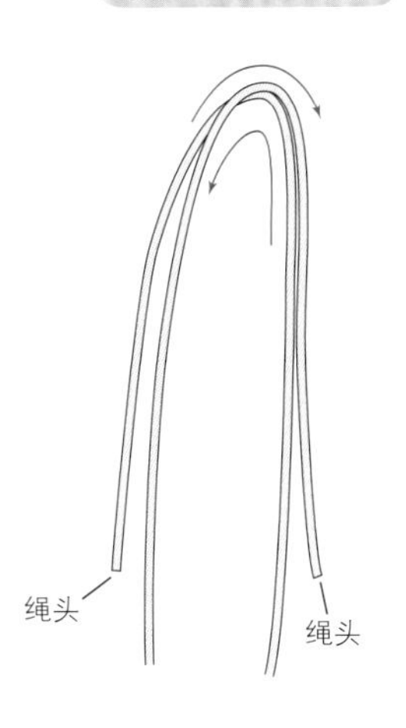
绳头
绳头

② 固定单结

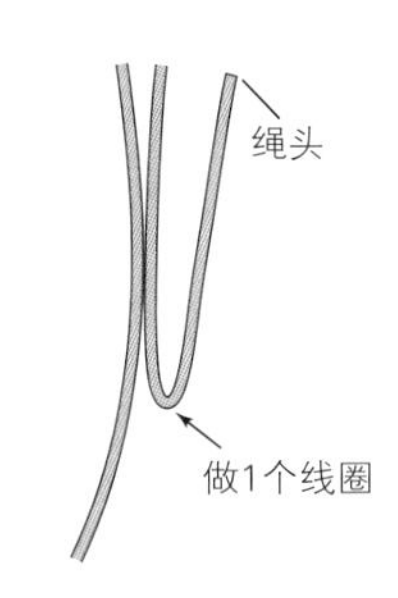
绳头
做1个线圈

1. 将绳头如图所示折弯。

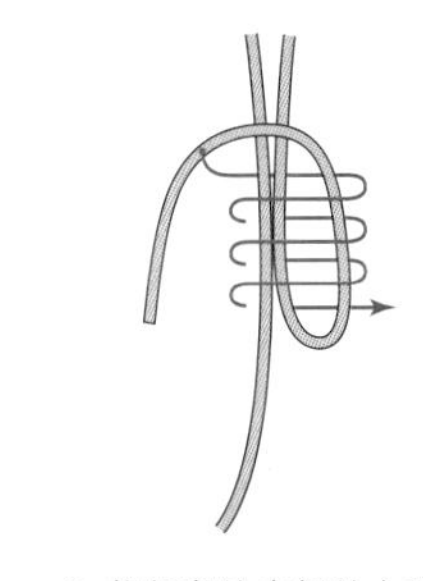

2. 将折弯的皮绳从上到下缠绕。

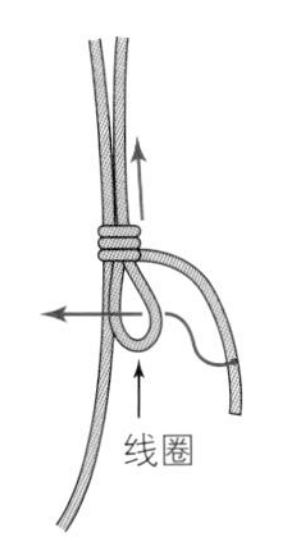
线圈

3. 将皮绳穿过下面的线圈，拉紧，固定好。

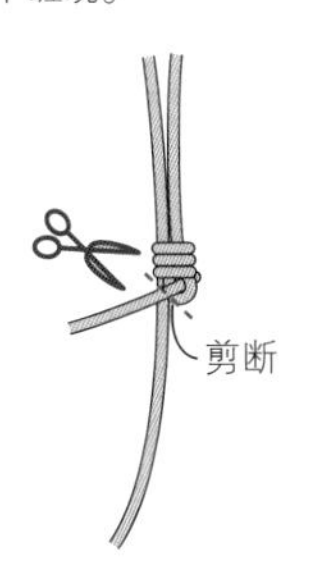
剪断

4. 在根部剪断绳头，完成。

37 | 项链 P.25

材料

绒面皮绳〔2.5mm〕黑色（509）100cm 1根
镀金白镴（AC358）1个

尺寸

周长最长80cm

38 | 项链 P.25

材料

绒面皮绳〔2mm〕棕褐色（504）100cm 1根、40cm 1根
复古钥匙（AC419）1个

尺寸

周长最长80cm

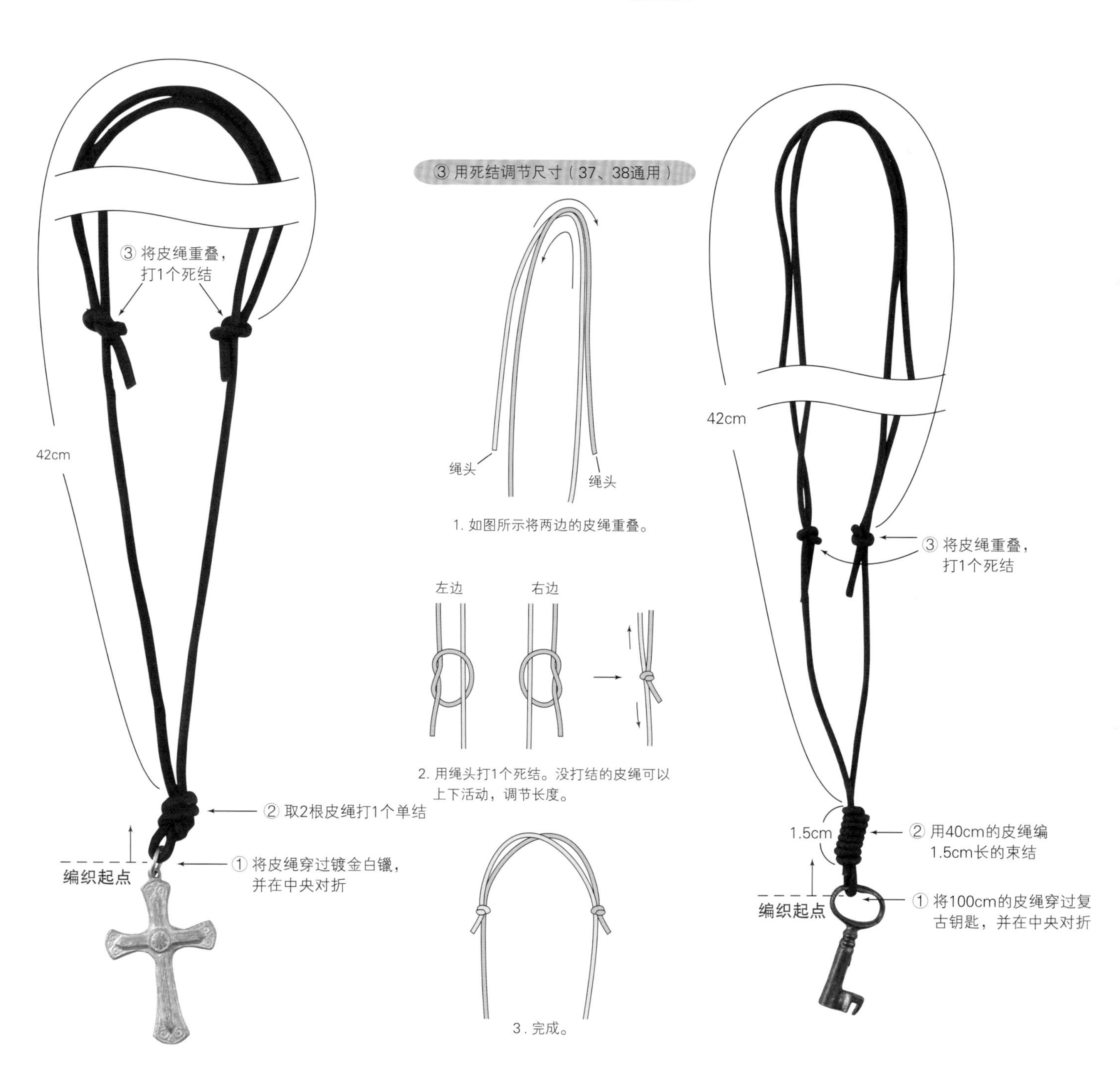

③ 将皮绳重叠，打1个死结
42cm
② 取2根皮绳打1个单结
编织起点
① 将皮绳穿过镀金白镴，并在中央对折
③ 用死结调节尺寸（37、38通用）
绳头
绳头
1. 如图所示将两边的皮绳重叠。
左边
右边
2. 用绳头打1个死结。没打结的皮绳可以上下活动，调节长度。
3. 完成。
42cm
③ 将皮绳重叠，打1个死结
1.5cm
② 用40cm的皮绳编1.5cm长的束结
编织起点
① 将100cm的皮绳穿过复古钥匙，并在中央对折

39 | 项链 P.25

材料

仿古皮绳〔1.5mm〕天然色（501）110cm 1根
纽扣〔高品质银色〕（AC315）1颗
骨珠（AC1230）2颗
小玻璃串珠 红色（AC991）2颗、蓝色（AC992）2颗

尺寸

周长最长72cm

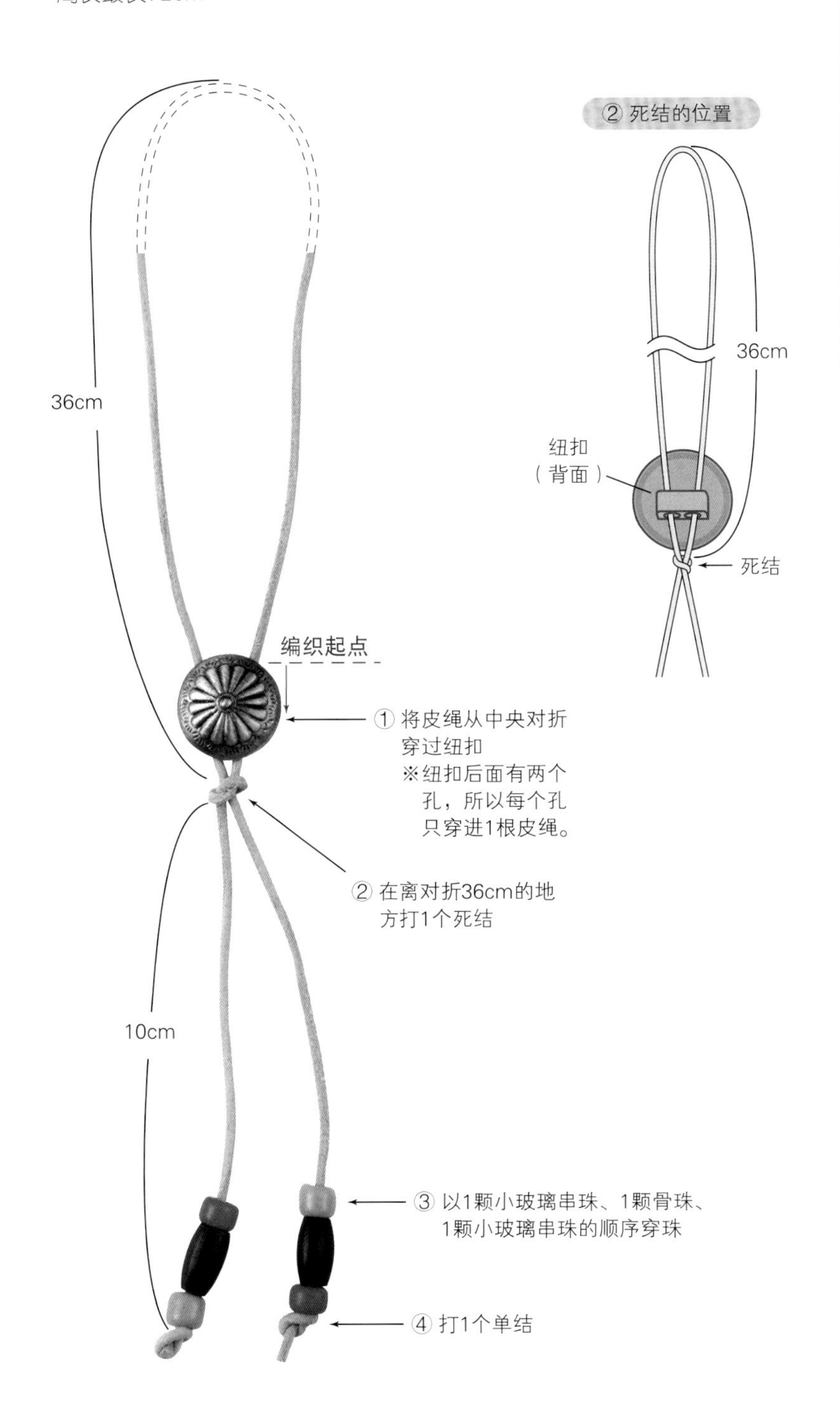

② 死结的位置
36cm
纽扣
（背面）
死结
36cm
编织起点
① 将皮绳从中央对折
穿过纽扣
※纽扣后面有两个
孔，所以每个孔
只穿进1根皮绳。
② 在离对折36cm的地
方打1个死结
10cm
③ 以1颗小玻璃串珠、1颗骨珠、
1颗小玻璃串珠的顺序穿珠
④ 打1个单结

01、02 | 项链和手链 P.4

材料

01b… 染色植鞣皮绳〔2mm〕棕色（818）
120cm 1根、50cm 1根
宝石〔凸面型〕玛瑙（AC1152）1颗
01c… 染色植鞣皮绳〔2mm〕黑色（813）
120cm 1根、50cm 1根
宝石〔凸面型〕虎眼石（AC1153）1颗

尺寸

长5cm（01b、01c通用）

02b

材料

染色植鞣皮绳〔2mm〕白色（816）120cm 1根、60cm 1根、50cm 1根
宝石〔凸面型〕蔷薇石英（AC1151）1颗
吊坠配件（AC449）1个

尺寸

长24.5cm

做法参照P.37 ~ P.41

图书在版编目（CIP）数据

64款皮绳手编饰物 / 日本宝库社编著；邹燕译. —郑州：河南科学技术出版社，2016.3
ISBN 978-7-5349-7227-0

Ⅰ. ①6… Ⅱ. ①日… ②邹… Ⅲ. ①皮革制品–手工艺品–制作 ②绳结–手工艺品–制作 Ⅳ. ①TS973.5 ②TS935.5

中国版本图书馆CIP数据核字（2016）第048447号

出版发行：河南科学技术出版社
地址：郑州市经五路66号　　邮编：450002
电话：（0371）65737028　65788613
网址：www.hnstp.cn
策划编辑：刘　欣
责任编辑：刘　瑞
责任校对：耿宝文
封面设计：张　伟
责任印制：张艳芳
印　　刷：北京盛通印刷股份有限公司
经　　销：全国新华书店
幅面尺寸：210 mm × 260 mm　　印张：4.5　　字数：100千字
版　　次：2016年4月第1版　　2016年4月第1次印刷
定　　价：36.00元

如发现印、装质量问题，影响阅读，请与出版社联系并调换。